少年科普热点

能源之手

NENGYUAN ZHISHOU

中国科学技术协会青少年科技中心　组织编写

科学普及出版社

·北京·

组 织 编 写	中国科学技术协会青少年
	科技中心
丛 书 主 编	明　德
丛 书 编 写 组	王　俊　魏小卫　陈　科
	周智高　罗　曼　薛东阳
	徐　凯　赵晨峰　郑军平
	李　升　王文钢　王　刚
	汪富亮　李永富　张继清
	任旭刚　王云立　韩宝燕
	陈　均　邱　鹏　李洪毅
	刘晨光　农华西　邵显斌
	王　飞　杨　城　于保政
	谢　刚　买乌拉江

策 划 编 辑	肖　叶
责 任 编 辑	肖　叶　朱　颖
封 面 设 计	同　同
责 任 校 对	林　华
责 任 印 制	李晓霖

目录

第一篇
能源的故事

能源家族是怎样"壮大"的？

能源是我们的好朋友，我们做饭时用的天然气、开汽车用的汽油都是最常见的能源。所以说，离开了能源，我们饭也吃不成、路也走不了。但是，人类并不是一开始就使用石油、天然气服务生活的，我们认识和使用能源也是一步一步深入的。

在原始人居住的山洞里，科学家们找到了燃烧后的灰烬，所以，我们可以这样说，人类最初使用能源就是从原始人学会使用火开始的。几十万年来，木柴一直是我们使用的能源中最重要的部分。但是，到了近代，能源技术取得了突飞猛进的发展，我们的生活从此也就有了翻天覆地的变化。

近代以来，人类在能源技术方面取得的突破主要有三个，这就是蒸汽机、电力和原子能的发明和运用。这三次突破使我们的社会取得了极大的发展。煤的发现和运用促成了蒸汽机的发明。在18世纪，一个叫瓦特的人发明了第一个有实用价值的蒸汽机，世界迎来了第一次工业革命；认识到石油的重

能源是怎样"长大"的

要性之后，人类便不失时机地发明了内燃机，使汽车、飞机等现代化的交通工具应运而生，同时石油化工业还为人类社会创造了许多新型材料；核能的开发利用，把人类社会带入了原子能时代。

比方说，我们现在最常用的能源是煤炭、石油、天然气，但是，人类并不是一开始就认识它们的。在 18 世纪以前，人们主要使用木柴；一直到 18 世纪以后，才开始转向主要使用煤；自 20 世纪 20 年代开始，我们使用的主要能源又从煤转向石油和天然气。

煤、石油和天然气这类能源，都是不可再生的资源。也就是说，它们就像我们杯子里的水一样，用一点就会少一点。随着地球上人口数量的不断增加，我们需要的能源越来越多，它们肯定会被用完的。

要想解决这个问题，只有寻找别的新能源来代替目前的煤炭、石油和天然气。现在，科学家们正致力于实现第三次能源大转变，也就是从石油和天然气转向新能源。

从 20 世纪 80 年代开始，世界上主要的工业化国家竞相发展新能源技术。美国、法国、日本等国家竞相发展核电技术，核电在这些国家的能源构成中所占的比重不断上升。其中法国一马当先，它的核电已占全国总发电量的 80% 以上。通过最近一二十年的新能源技术的发展，科学家们找到了不少可以代替煤炭、石油和天然气的新能源，核能、太

什么是能源？

能源就是指能够提供能量的东西。例如煤、石油、天然气、太阳能、核能等等。现在我们普遍使用的被称为常规能源，比方说煤、石油、天然气等；最近几十年才开始利用或正在研究使用的能源被称为新能源，比方说太阳能、核能、风能、氢能等。

正在装配中的核电站

阳能等，这些新型能源很有可能会成为我们未来使用的主要能源。

在中国，能源问题也是存在的。把我国的能源总量平均到每个人头上才是世界平均

能源之手 NENGYUAN ZHISHOU

人类不断地向自然索取新能源

值的一半，而且我国能源的分布还非常不均衡，我国西部能源多，而东部则相对较少。科学家们的任务就是改变这种能源分布不均的状况，研究适合我国使用的新能源。

小问题

通过本节的学习，你知道人类在使用能源方面经过了几次重大的突破吗？

发电机是怎么发明出来的？

　　在我们的生活中，电已经是非常重要的了。大家都能随口说出一大堆和电有关的东西来，比如电视机、电冰箱、电风扇，等等。其实人类很早就了解到电的存在了。那个时候人们猜想，在下雨天的闪电之中可能会含有巨大的能量，可是没有人敢于向雷电挑战，直到美国科学家富兰克林想出一个绝妙的办法来。

　　在一个下着大雨的天气里，富兰克林把一个风筝放飞到天上去，在风筝的顶端拴着一段铁丝，而风筝的另一端则和一个"莱顿瓶"连在一起。这样，飞到空中的风筝就"接触"到了闪电，并通过铁丝和被淋湿了的线将电传到"莱顿瓶"中储存起来。这样，人类第一次认识到了电的存在。（这个实验是相当危险的，一不小心就会电到自己，少年朋友们千万不要模仿。）通过这个著名的风筝实验认识了电之后，人们就希望能够自己生产出电来。但是很长时间人们都只能用电池产生电流，而没有办法获得稳定

法 拉 第

的、大规模的电流。

公元 1831 年，也就是 180 前，意大利科学家法拉第的一个偶然发现改变了人类的历史。他在一次科学实验中偶然发现，将一个封闭电路中的导线通过磁场，在这段导线中就会有电流产生。于是法拉第认识到，电流和磁场之间存在着密切的关系。根据这个原理，他建造了第一台发电机原型，其中包括了在磁场中旋转的铜盘。第一台发电机就这样诞生了。

发电机的技术由法拉第发明之后，人们不断对它进行完善。现在我们所用的发电机包括一个能在两个或两个以上的磁场间迅速旋转的线圈，当线圈在磁场中旋转时，就产生了电，由导线从发电机中导出。科学家们通过变化发电机上导线缠绕的方式和磁铁的安排，就可以获得交流电或直流电。大部分

电是怎么传送的？

大家都见过高高的电线杆吧，电就是通过架设在上面的电线传输的。在电能的传输过程中，由于导线存在电阻，不可避免地会产生电能的损失，于是，为了减少这种损失，人们利用高压电线来传送电能，再通过变压器把高压电转化为我们日常使用的低压电能。

发电机都是产生交流电，它的优点是比直流电更容易做长距离的传送。

说到这里，我们不能不提到大发明家爱迪生，这位天资聪颖的发明家在经营他的发明的时候无视交流电的优势，而是大力提倡他的直流发电站。可是，如果运用他的直流电站供电，消耗在传输电线上的电能就太大了，而且由于电流必须形成回路，因此用户的每一根电源线必须直接连接到电力公司的发电厂，真可怕呀！爱迪生为了打垮他的交流电对手，甚至向公众夸大交流电的危险。幸好美国的电力供应公司最后还是采用了交流电，不然，今天我们的大街小巷可就到处都是个头不小的电力设备了。

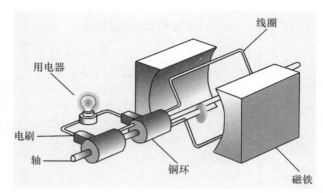

发电机结构示意图

早期的交流发电设备

发电机是怎么产生电的?

小问题

能源之手 NENGYUAN ZHISHOU

人类是怎样发现和获取火的？

　　火在我们的生活中是必不可少的，饭必须做熟才能吃，冬天要有火才能取暖。但是，很久很久以前，人类刚刚在地球上出现的时候是不知道利用火的。人类吃东西都是生吃，冬天也只能挨冻。很多人因为这个原因都生病死去了。人类是从什么时候才开始利用火的呢？直到今天我们还能听到很多优美的传说。

　　传说在很久很久以前，世界上是没有火的，人们生活在寒冷和黑暗之中。天上有一个好心肠的神，非常同情人们，他的名字叫作普罗米修斯。他认为人类没有火是很难活下来的，于是不惜冒犯残暴的神王宙斯，从奥林匹斯山太阳神阿波罗那里偷来火种带给人间，并教会人类使用和保存火种。从此黑暗消失，人间大放光明。而善良的普罗米修斯则被宙斯捆绑在悬崖上，一头凶恶的老鹰每天都撕咬他的身体，使他非常痛苦。

　　这就是古希腊神话中记载的人类学会用火的传说。

钻木取火

　　但是传说终归是传说，在古代，人们到底是怎样发现和利用火的呢？经过研究人们发现，远古人类用火大约经历了保留自然火和人工取火两个阶段。

　　我们可以设想人们用火是从自然火开始的：火山喷发带来火，雷电会引起燃烧，原始森林中的茂密草丛和堆积物在一定条件下也能够自己燃烧。想象一下，在一次森林大火之后，一些来不及逃跑的小动物被烧死、烧焦，烧熟的肉散发出浓烈诱人的香味，吸引了原始人；凭着灵敏的嗅觉，某一个好奇的原始人拾起一块烧熟的肉来尝尝，立刻

感到烧熟的肉比血淋淋的生肉要好吃得多。终于，火的特殊作用被他们认识了，从而产生了保留火种的强烈愿望。

根据考古资料记载，生活在我国北京周口店龙骨山北坡山洞内的"中国猿人"，是世界上最早学会保存和使用火的人。他们不仅会采取连续添加木柴的方法来保持火堆的持续燃烧；夜晚，他们也会用灰土覆盖的方法

闪电是使树木起火的一个原因

摩擦生热是怎么回事?

我们知道了钻木取火的故事,那么,钻木为什么可以取火呢?这就是摩擦生热的缘故。在摩擦的过程中,机械能转化为热能,当温度升高到一定的程度之后,就会将易燃物点燃,从而制造出火种来。

来保存火种。那么,人又是如何通过自己的努力而获得火种的呢?这可以从我国古籍中记载的"燧人氏钻木取火"的传说中得到启示。

传说是这样的:很久很久以前,在人们都还不知道如何使用火的时候,有一个非常聪明的人叫作"燧人氏",是他首先教会了人们通过快速地摩擦木头而产生热,最终点燃木头而产生火。

实际情况又是怎么样的呢?大家知道,在原始的时候,可以让人们使用的材料只有木头和石头。可以想象一下,人们在加工木料时,会有钻、锯、刻等动作。当这些动作速度很快的时候，就会产生强烈的摩擦，使木头发热，有时还会冒出烟来。有了这些启示，又经过长期的生活实践，人们终于发明了人工取火的技术。这就是"钻木取火"的由来了。

小问题

原始人是如何获得火种的？

蒸汽机是怎样发明的？

　　大家知道，蒸汽机的发明带来了人类历史上的第一次工业革命，使我们的社会取得了突飞猛进的发展。现在，我们就来介绍一下与蒸汽机有关的知识。

　　水烧开时会有很多热气，这就是水蒸气遇见相对冷的空气的时候变成的小小雾滴。蒸汽机的工作原理就是水在受热时会变成水蒸气，从而体积膨胀，推动机器工作的原理。

　　关于蒸汽有动力的想法在公元前200多年就有了。古代希腊的科学家阿基米德就曾设想利用水蒸气做功，制造出蒸汽动力大炮。可惜这个大炮没有制造出来。后来，著名画家达·芬奇也对水蒸气情有独钟，他曾描述过这样一种蒸汽炮，把水滴到一个灼热表面上，利用水的汽化所产生的骤然膨胀把炮弹射出去。

　　到了公元50年，古希腊亚历山大国里亚城一个叫希罗的人制造了一个用水蒸气推动的旋转装置，并发明了一种汽堆。16世纪还有人试图利用希罗的汽堆来转动烤肉叉。

1125 年，一个叫热贝尔的人在兰斯这个地方制造了一架由水蒸气来鼓风的风琴。一边烧水一边演奏风琴，真是绝妙的主意。

17 世纪，人们利用蒸汽机的想法更多了。1615 年，法国的德考司在《动力的理论》一书中描述了一种借助蒸汽的膨胀力推动的机器。1629 年，罗马的布兰卡设计了用蒸汽冲击叶轮的叶片来使之转动的汽轮机。1630 年，英国人戴维·拉姆齐及土耳其人德雷都相继设计了利用蒸汽动力做功的装置。甚至牛顿也设想过利用蒸汽动力开动的汽车模型。17 世纪后半期，随着相关科学的进展，人们

1924 年的蒸汽车

蒸汽机是利用什么原理工作的？

蒸汽机其实就是一台能量转化的机器。首先通过燃料燃烧将水加热，利用水变为蒸汽时的体积膨胀，推动机器工作。因此，它将热能转化成了机械能。

对蒸汽动力装置工作原理的认识逐渐成熟，制造蒸汽机的序幕也由此拉开了。

首先是造蒸汽机纺纱。在很早以前，人们穿衣服的纱都是用手工纺成的。这种方法既笨拙，生产出来的纱质量又不好。如果大家有机会摸一摸那种布，就会发现，它大约有一分硬币那么厚。

蒸汽机的发明把人们从手工劳动中解放了出来。第一个可以实用的蒸汽机的发明者是英国人瓦特。瓦特并不是一个科学家，他最初只是一个技师。通过大量的实践，瓦特终于在 18 世纪后半期发明了第一台真正的蒸汽机。到 1785 年，瓦特在英国的诺定昂郡建立了第一个蒸汽纺纱厂，蒸汽机开始真

能源之手 NENGYUAN ZHISHOU

正为人类服务。

　　蒸汽机的作用可不仅仅是用来纺纱，它还有许多别的方面的用途。第一次把蒸汽机用在轮船上的发明者是美国的罗伯特·富尔顿。1786年，他到了伦敦，认识了瓦特，了解了蒸汽机的巨大威力，从而他幻想用蒸汽

瓦　　特

早期的蒸汽机

机来推动船舶行驶。

　　1803 年在巴黎，富尔顿制造的第一艘蒸汽机船在塞纳河试航，但却失败了。1807年，他回到美国后又设计制造了克勒蒙特号轮船，在纽约市的哈德逊河下水，终于获得了成功。这艘船长 45 米，宽 10 米，排水量是 100 吨，发动机是由英国伯明翰的布尔顿和瓦特建造的。

　　克勒蒙特号轮船作为哈德逊河上的定期班轮，曾往返于纽约和奥尔巴尼之间，全程约 278 千米，船速是那时人们使用的帆船的3 倍。

1881年，中国第一台蒸汽机车

蒸汽机就是制造蒸汽的机器吗？

小问题

我们的祖先怎样利用风和水的能量？

　　我们都见过在水中转动的水车和在风中转动的风车，其实在很久很久以前，我们的祖先就开始利用风和水的力量为自己服务了。

　　人们第一次把水用作动力，是从水磨开始的。我们平时所吃的面粉是用小麦磨成的，而水磨呢，就是把小麦磨成面粉的一种工具。

　　水磨的最早出现是在欧洲的古希腊时代。那时的人们还根本不知道什么电能，但是，他们也要吃饭啊，怎么能把小麦磨成面粉呢？靠人力太费劲了，就算用马、驴之类的大牲口，力量也毕竟有限。于是人们想出了一个办法：用水来推磨。

　　水的流动会产生推力，人们利用这种力量设计出一种叶轮来，使它可以在水的推动下旋转起来。而在它的上端，则与石磨连在一起，这样就带动磨来旋转了。但是石磨的转动是需要很大的力量的，所以这种水磨必须安装在水流较急且河水较深的地方，否则，转动的力量就很难推动石磨。所以真正能用这种水车的地方并不多。

那些没有这种条件的地方的人们怎么办呢？为了充分利用水的力量，他们对水磨又进行了进一步的改造。

前面我们所讲的水磨是利用水流对水车的下部进行冲击，推动水车转动。这种方式的效率不高，于是，人们拦河筑坝，抬高水位，让流水从水车的上部来冲击水轮。这就叫作"上击水磨"，比前面我们讲的"下击水磨"效率更高，适用的地方更多。由于摆脱

水　车

能源之手
NENGYUAN ZHISHOU

　　在我国古代，很早以前就开始利用水车了。人们将水车放置在河流之中，主要是用于取水灌溉，为我国古代农业的发展做出了不可磨灭的贡献。

了河流地势的限制，水车动力在古代应用是很广泛的。除了用来磨粉以外，还被用来锯木材、给炼铁炉鼓风、带动铁锤等，帮了人类不少忙。

　　如果用水车去推动发电机，那么就成了水力发电。

　　风也同样。很多人见过风轮，风一吹，风轮就会"呼呼"地转动起来。风车的原理和风轮一样，把风轮扩大几十倍以后就成了风车。

　　人们最初利用风车大约是在7世纪，是由波斯人发明的，在12世纪的时候传入欧洲。一开始人们将风车用来提水灌溉，后来也用于磨粉。最初的风车车轴是垂直而立的。传入欧洲后，欧洲人又进一步完善了这

25

风水流转车转不停

个设计：将车轴水平安置，车翼用帆布或木板制成，可以按照风向调整方向，它比波斯风车能更有效地利用风力，从而使得风车在我们生活中的应用更加广泛。

风力发电

小问题

水车和风车最早是在什么时候发明的?

"永动机" 能永动吗?

永动机是古代人们的一种幻想。什么是永动机呢？我们知道，现在服务于人类的任何机器都需要消耗能源，比方说电视、电冰箱需要使用电，汽车需要使用汽油。而人们幻想中的永动机是不需要任何能源的，它可以在不消耗其他能源的条件下不停地产生新的动力，所以被称为"永动机"。但是，

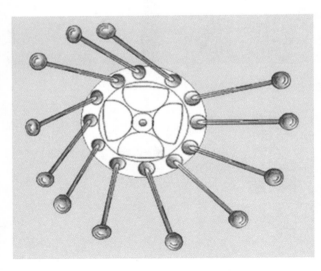

亨内考设想的永动机

能源之手 NENGYUAN ZHISHOU

永动机为什么不能实现呢？

我们知道，世界上的能量既不会凭空产生，也不会凭空消失，它只能从一种形式转化为另一种形式，能量的总量不变。这就是著名的能量守恒和转化定律。永动机的幻想试图在不消耗任何能量的情况下源源不断地产生出新的能量来，所以是不可能实现的。

这种机器是不可能制造出来的。

就像左图中所画的"永动机"，由于右边的球总比左边的各个重球离轴心更远一些，设计者亨内考就设想，右边会产生更大的作用力，特别是右边甩过去的重球作用在离轴较远的距离上，就会使轮子按照箭头所示的方向永不停息地旋转下去，至少要转到轮轴磨坏时为止。但是，实际上轮子转动一两圈后就停了下来。

历史上还有一些人提出过利用轮子的惯性、细管的毛细现象、电磁力等种种永动机设计方案，但是都无一例外地失败了。其实，人们经过研究后发现，在所有的永动机

人们对永动机充满幻想

设计中，最终都会得出各个力恰好相互抵消掉，不再有任何推动力使它运动的结论。所有永动机必然会在这个平衡位置上静止下来，变成不动机。

　　层出不穷的永动机设计方案，都在科学的严格审查和实践的无情检验下一一失败了。到了1775年，法国科学院宣布"本科学院以后不再审查有关永动机的一切设计"。这说明在当时的科学界，已经从长期积累的经验中认识到制造永动机的企图是没有成功的希望的。

　　前面所讲的"永动机"都是在不需要其他任何能量的前提下获得能量。另外还有一种非常美妙的幻想，它并不违反能量转化和守恒原理。比如说，我们制造一种机器从海

能源之手 NENGYUAN ZHISHOU

水中吸取热能转化为机械功，然后太阳又会供给海水热能，这种机器又从海水中吸热转化为功，如此往复循环，那么热不就可以源源不绝地转化为功了吗？所以这也是一种永动机。如果真有这种永动机，能量将不再是稀缺资源，因为只要海水温度降低1摄氏度，它所释放的能量就足够全世界用好几百年啦！这样，石油和煤都不必开采了，水电站不用建了，伊拉克战争也打不起来了，环境问题也减少了，经济、政治、军事史恐怕都要重写。但是，人们无论怎样绞尽脑汁也制造不出来这种永动机。为什么这种永动机造不成呢？这是因为它违反了热力学第二定律。热力学第二定律有两种表述，根据热传导的方向性来表述，不可能使热量从低温物体传到高温物体，而不引起其他变化；按照机械能和内能转化过程的方向性来表述，不可能以单一热源吸收热量并把它全部用来做功，而不引起其他变化。这也就宣告了第二种永动面是不可能造成的了。

你知道在人类历史上，出现过几种永动机的设想吗？

小问题

为什么会发生能源危机？

常常从电视上听到这样一个词——能源危机。能源危机是指什么？它是如何产生的？它在目前的情况又是怎样的呢？对于这一切我们或许还不了解。

谈到能源危机的产生，让我们先来看一段历史。1973年10月6日，第四次中东战争爆发了，以色列和巴勒斯坦打起来了。这个地方由于种种原因和敏感问题，总是不太安宁。

当时，许多西方国家（比如美国、英国等）都支持以色列，而众多的阿拉伯国家支持巴勒斯坦人。世界上的石油大部分都是阿拉伯国家生产的，于是阿拉伯国家以石油为武器，决定不再卖石油给这些西方国家。试图通过这种手段来迫使西方国家改变对巴勒斯坦的立场。

西方国家有一段时间傻了眼。要知道，石油可是支撑这些国家经济发展的主要能源，但是，这些国家自己并没有多少石油，他们大部分的石油都依赖从阿拉伯国家进

能源之手 NENGYUAN ZHISHOU

海上石油开采平台

口。没有了石油，他们的生产还怎么进行呢？所以，那些主要依靠从中东进口石油的国家能源形势十分紧张，比如日本，经济一下子就出现了糟糕的局面。这就是第一次能源危机。能源危机就是这样来的。

如果说当时的能源危机还是由于人为

风力电站

原因造成的话，现在，能源危机的含义已经扩大了。随着人类经济的进一步发展，人们对能源的依赖越来越严重。我们可以想象一下，如果世界上没有了电，没有了石油，我们的生活还怎么继续下去？

人们发现目前地球上的能源越来越少了。按照我们现在开采能源的速度，地球上存在的煤炭只能供我们开采162年，而石油和天

除了能源危机，人们还常常听到"石油危机"这个词。石油危机是怎么回事呢？我们已经知道，第一次能源危机的产生主要就是由石油的短缺引起的，所以石油危机是能源危机的一种重要形式。

然气只能供人们使用 40 年和 65 年左右。眼看着人类就要没有能源可用了。这时候人们

煤炭资源已经越采越少

越来越多的水资源被用于发电

才对能源的短缺感到了实实在在的危机。因此，现在我们所讲的能源危机，不只是指石油危机，而是包括各种能源在内的能源大短缺。

目前为了应付能源危机，世界上各国都在极力开发新能源，尤其是可再生能源，以保证人类的能源需要。

我们还有多少年的石油可以用？

小问题

第二篇
常规能源一览

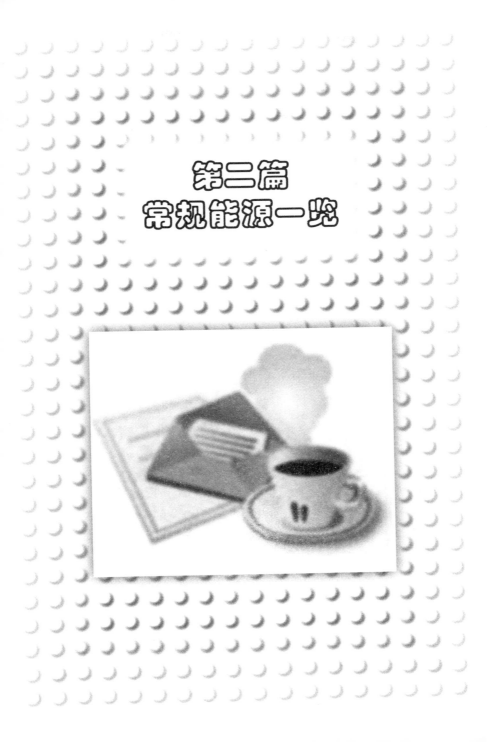

为什么说石油是地球的血液？

石油是大家都很熟悉的，它可以提炼汽油、柴油等动力用油。现在满街跑的汽车就是靠它而"活"着的，所以，石油是现在对我们用处最大的能源之一，人们称它是"黑色的金子"、"工业的血液"。没有石油，我们的现代生活是无法想象的。那么，这种宝贵的资源是怎么来的呢？

大家都知道，石油是从很深的地下开采出来的。在很久很久以前，地球上还没有人类的时候，就已经有别的生命存在了，并且也会生老病死。

但是，古代的生物尤其是低级生物的繁殖速度却是我们想象不出的。比方说细菌在一天之内就可以繁殖出1000多个后代。这种低级生物大部分都生活在水中，比较容易保存下来。石油就是由这些生物的尸体形成的。所以，我们今天用石油，还真应该感谢过去生长在这个地球上的数不清的小小低级生物呢。

但是，石油并不是随随便便就能生成

海上开采石油

的，它的生成还需要一定的条件。我们知道，如果我们现在将小虫子之类的生物埋在地下，经过一段时间后就会腐烂掉，是不会变成石油的。所以石油生成的一个首要条件就是这些有机物必须能够保存下来。

那么，什么样的条件才能使这些小生物的尸体保存下来呢？科学研究表明，只有像盆地等低洼的地形才可以保证有机物

在陆地开采石油

沉积下来，而不被风化剥蚀。现在我们所发现的大规模的石油都产自于沉积盆地中，就是这个原因。

石油的产生还需要缺氧环境。缺氧环境，顾名思义就是说有机物的遗体必须迅速地与氧隔绝，以防止有机质被氧化破坏。

另外，石油的产生还必须在一定的物理和化学条件下才能实现，这个条件主要

人类在不断寻找新能源

是地下温度。地下的温度是从浅到深逐渐升高的，早先的沉积物不断被后来的沉积物所覆盖，埋藏也就越来越深，温度也就越来越高，最终转变成石油。

有机质只有在达到一定的埋藏深度时才能转化成石油。同时地层内部的压力也会促进有机物向石油转化；生物的化学作用在石油的生成过程中也起到关键作用。例如细菌可以促使有机物分解，将生物体中的碳和氢结合起来，促进石油的生成。

石油是什么？

了解了石油的形成过程，或许我们会问：石油到底是一种什么东西呢？石油的主要成分是碳氢化合物，也就是说，石油主要是由碳和氢这两种元素组成的。它可以燃烧，我们平时见到的汽车就是依靠汽油的燃烧来推动机器运动的。

炼 油 厂

看了本节，你知道石油的产生
需要哪几个条件吗？

小问题

植物真能 "生产" 石油吗?

　　俗话说"种瓜得瓜,种豆得豆"。种植植物能够得到石油,似乎是个神话。但是,经过科学家们的努力研究,这个神话终于变成了现实。

　　大家知道,我们平时炒菜时要放花生油、豆油等食用油,这些食用油都是通过植物生产出来的,它们都是可以燃烧的。很多科学成果都起源于联想。于是,美国一个叫卡达文的科学家就想,要是能够通过种植植物来生产石油该有多好啊。

　　于是,他开始寻找这种植物。功夫不负有心人,终于,有一天,卡达文发现了一种小灌木,他用刀子划破这种小灌木的树皮后,发现有一种白色的液体流出来,经检测,这种液体的成分与石油非常接近,而且可以燃烧。

　　卡达文把这种树称为石油树,并开始了大量的种植。实验的结果证明石油树确实能提供可观的石油产量。这引起了人们的重视,许多科学家都投入到这种研究中来了。

植物也能"生产"石油

　　经过不断研究，科学家们又发现了许多种能够生产石油的植物。在美国，科研人员发现了一种黄鼠草，在一公顷黄鼠草中可以提炼出约 1000 千克的石油。后来，经过培育，使这种草的石油产量提高了 6 倍。在巴西，人们发现了一种乔木，在这种树上打个洞，一小时就能流出 7 千克和石油成分相近的液体来。在菲律宾，人们

也许有一天，海藻能提供稳产的能量

发现了一种胡桃，一棵这样的胡桃树一年可以收获 50 升石油。

人们不仅在陆地上努力寻找可以生产石油的植物，还把目光投向广阔的海洋。经过研究发现，在海中有一种生长很快的海藻，这种海藻经过某种细菌的培育就会很快地分解而变成石油，这种过程和石油的生成过程非常相似，于是，几个星期的过程就代替了石油在地下形成所需几百万年的过程。

英国科学家独辟蹊径，他们不是利用海藻提炼石油，而是将海藻直接作为能源来发电。他们将干燥后的海藻碾磨成细小颗粒，再把这些颗粒放在一定的压力下，使它变成类似于雾的一种东西，然后再将它送到特别的机器中，就可以发出电来。利用这种方式发电，不仅清洁无污染，而且成本很低。

海底蕴藏着丰富的石油

能源之手 NENGYUAN ZHISHOU

你知道海藻能生产多少石油吗?

现在进行的海藻提炼石油的研究中，一平方米的海面平均每天可采收 50 克海藻，海藻中类脂物含量达 6%，每年可提炼出燃料油真还不少呢!

所以，目前各国科学家纷纷进行海藻培植，并将海藻精炼成类似汽油、柴油等液体燃料用于发电，从而开辟了植物能源的新途径。

可以产生石油的植物有哪些?

小问题

能人工合成石油吗？

前面讲过了能生产石油的植物。那么，还有没有其他制造石油的方法呢？

人类早就试图通过人工合成石油，以取得源源不断的新能源，但是一直没有好的办法。最近，日本科学家发布消息说，他们在

"他们可真行！"

植物也能"生产"石油

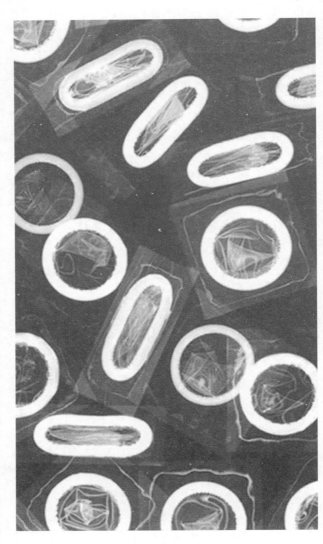

细菌也能生产石油

石油合成菌

　　这种细菌是在油田附近被发现的，它具有一种神奇的能力，就是可以把二氧化碳和氢合成为石油的主要成分碳氢化合物。现在科学家们就是试图利用这种细菌来生产石油。

对合成石油的细菌的基因组研究中，成功地确认了2194个与石油合成有关的遗传因子。科学家们今后将对这些遗传因子逐个进行鉴定，有望开发出更多的人造石油。

　　日本京都大学的一位学者也对石油合成菌的遗传因子进行了分析研究。经过研究发现，在石油合成菌的 5451 个遗传因子中，一共有2194个遗传因子与石油合成有关。几例研究不谋而合。现在科研人员正在试图将这些遗传因子搞清楚，然后利用转基因技术将它们植入其他的细菌体内，从而进一步开

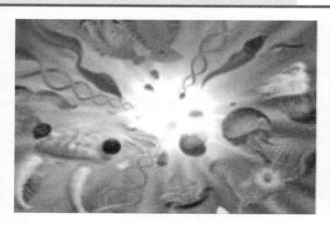

人类在不断探讨生物基因的奥秘

发合成出高效的石油。

　　当然，从基因组信息来进一步破译与石油合成有关的遗传因子的功能，现在还是一个难题。但是，这一科研成果毕竟打开了人造石油研究与开发之门，使人工制造石油的梦想有可能变成现实。

小问题

在人造石油的遗传基因中，有多少个与合成石油有关？

你知道煤的神通吗？

　　煤是我们现在所应用的最重要能源之一。在很多城市，冬天人们房间里的暖气就是靠煤的燃烧提供热量的！它不仅可以作为燃料为我们服务，还是炼焦工业和冶金工业的重要原料。在煤的炼焦过程中可以获得焦油、煤气和氨水等副产品，从中还可制取很多的化学工业原料，而这些化学工业原料又是删料、药品、肥料、炸药、人造纤维等几百种产品的重要材料。20世纪70年代初期石油危机出现后，煤的液化和气化燃料又使煤作为洁净燃料成为能源的组成部分。在煤或煤灰中还可提取有益的金属元素如锗、镓、钒、金、铀等。因此可以说，有了煤，我们的生活大变样了！

　　你知道世界上哪个国家最早发现和使用煤吗？那就是我们中国。在我国辽宁一个6000多年前的古文化遗址中，就发现过用煤制成的工艺品。大家知道《山海经》，这是我国古人写的一本书。在这本书中，人们把煤叫作"石涅"，并且在书中还记载了几处煤产地。河南一个叫巩县的地方就发现了西汉时用煤饼炼铁的遗迹。在魏晋时称煤为"石墨"或"石炭"，在晋朝的一本书《水经注》中也有"石墨可书，又燃之难烬，亦谓之石炭"，说明当时对煤的染色、耐烧等特性已有了认识。

世界上其他国家如古希腊和古罗马也是用煤较早的国家，希腊学者泰奥弗拉斯托斯在约公元前300年所著《石史》中记载有煤的性质和产地；古罗马在2000年前开始用煤加热。

人类有悠久的采煤历史

运煤火车

　　到了 18 世纪后半期，蒸汽机的应用使煤的需求量大增。因为蒸汽机是靠煤的燃烧提供热量来把水变成蒸汽的。到了 19 世纪中期，欧洲许多国家成立地质机构，开办矿业学校，开展地质调查，采煤工业迅速发展。1870 年前后首次在显微镜下发现煤是由古代的植物经过复杂的物理化学作用转化而来。和石油一样，煤也是古代生物为今天人类做出的伟大贡献。

和人一样，煤也是既有优点又有缺点。现在，由于空气污染现象越来越严重，而煤在燃烧过程中会排放出大量的二氧化碳、二氧化硫等有害气体，因此人们试图尽量使用新的能源来代替煤。但是，由于煤在自然界中的储量是最为丰富的，完全放弃不用也很可惜。所以，科学家们正在致力于开发洁净煤技术，使得煤这种古老的能源在新的世纪里继续大放异彩。

煤炭的形成

煤炭是埋藏在地下的植物受地热的作用，经过几千万年乃至几亿年的炭化过程，释放出水分、二氧化碳、甲烷等气体后，含氧量减少而形成的。煤的含碳量非常丰富。由于地质条件和进化程度不同，含碳量不同，从而发热量也就不同。按发热量大小顺序分为无烟煤、烟煤和褐煤等。煤炭在地球上分布较为广泛，并不集中于某一产地。

能源之手 NENGYUAN ZHISHOU

快点呀，人们需要我。

煤炭运输日益繁忙

小问题

有些煤块的切割面会有像木纹一样的图案，这是为什么？

煤是怎样污染环境的？

　　煤不仅在开采过程中会带来污染，在使用过程中同样也会危害我们的环境。

　　大家知道，火力发电是目前发电的主要方式。在火力发电中，利用煤的燃烧来发电又是最主要的方式。我国的燃煤发电占国内总发电量的 80%。燃煤发电给环境造成

工厂的煤烟严重污染环境

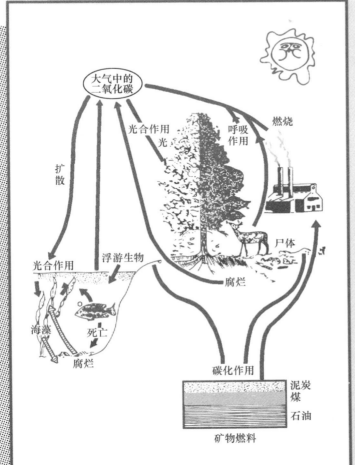

生物圈的碳循环

相当严重的污染。燃煤发电过程的污染来源有：电厂废气、电厂废水、电厂废渣和电厂噪声。

　　煤的另一项主要应用是炼焦。焦化厂在

炼焦、煤气净化等生产过程中以及燃料燃烧时所排放的各种有害物质包括各种废气、废水和废渣等也对环境造成严重的污染。

炼焦车间是焦化厂废气污染最主要的污染源。尤其是土法炼焦，不能回收煤气和化工产品，对于废气污染的排放也没有任何控制措施，所以排污量大，污染相当严重。技术进步后，炼焦排入大气的污染物总量有所减少。尽管如此，这也还是目前污染最大的生产之一。

煤气制化过程的污染也不容忽视。在煤气厂干馏煤炭生产煤气的工艺过程，尤其是在煤气的冷凝冷却过程中会产生高浓度的

煤的燃烧是怎样进行的?

大家知道，煤的主要成分是碳，其余还含有硫等各种元素。因此，煤的燃烧实际上就是碳的燃烧，在燃烧过程中会产生二氧化碳、二氧化硫等有害气体，同时还会有煤灰等污染物产生。

能源之手 NENGYUAN ZHISHOU

城市空气污染

含酚、氰及硫化物的废水，同时也排放出粉尘、酸雾、恶臭、气溶胶及其他有害气体。这些有害物质如果被人体吸收，带来的危害是不可想象的。

以上我们介绍了对煤的几种主要应用中所产生的污染。面对能源日益枯竭的两难局面，科学家们试图找出一种新的技术来使用煤炭能源，解决在煤的使用过程中所产生的各种污染。目前科学家们正在发展一种洁净煤技术，可以较好地解决在煤的使用过程中产生的污染问题。

怎样才能使煤的污染降到最低？

小问题

你了解天然气吗？

大家都知道天然气。在许多人家里，液化气罐是必备的，在液化气罐里装的就是天然气，当然也可以通过管道把天然气送到千家万户。我们平时利用天然气烧水、做饭、洗澡，可以说天然气在我们的生活中占据着极其重要的地位。但是你了解天然气吗？

天然气和石油、煤炭一样，都属于化石燃料，是不可再生的资源，也是从地下开采出来的。

我们已经知道了石油是怎么形成的，目前所发现并直接利用的天然气，与石油的成因非常相近。它也是沉积物中的有机质被埋藏在地下，经过长期的演化过程形成的。天然气的主要成分是一种叫甲烷的化合物。它在低温高压下被液化后，就成为我们平常所见的液化天然气，用油罐输送。天然气的分布地带和石油大致相同，富藏于中东、美洲和欧洲大陆。

天然气比煤和石油要好得多，天然气是

天然气输送管道

一种清洁无污染的能源。在天然气的燃烧过程中，所产生的污染物一般只有煤炭的1/800，石油的1/40；二氧化碳的排放量仅为煤的40%左右，而且燃烧后没有废渣、废水，所以称得上是一种"清洁能源"。

　　天然气的运送比石油、煤炭方便得多。我们知道，煤炭一般用火车运输；石油由于是液体，用管道运输需要不断地加以照看（例如防止堵塞）；而天然气可以通过管道运输，不仅便利，而且节约了大量的人力、物力，比石油、煤炭经济。天然气的转化效率高，价格也很便宜。

既然优点这么多，那么可以说，天然气作为一种用处极大的能源，在未来必将成为人们应用的主要能源之一。

　　关于天然气的形成有很多种解释，现在我们所开采的天然气都同石油的成因大致相同。但是根据研究，非常规天然气在地球中的储量也是相当巨大的。非常规天然气主要包括深层气、非生物成因天然气、天然气水合物等，在未来的能源舞台上，它们也将扮演重要的角色。

天然气开采

什么是化石燃料呢？

　　煤炭、石油、天然气都属于化石燃料。化石燃料就是指煤炭、石油、天然气等这些埋藏在地下不能再生的燃料资源。化石燃料按埋藏的能量的数量顺序分为煤炭类、石油、油页岩、天然气和油砂。

天然气进入家庭

天然气是人们喜爱的清洁能源

小问题

天然气与煤炭、石油相比，有哪些优点？

怎样用火力来发电？

现在发电的形式主要有火力发电、水力发电和核电三种。而火力发电是目前发电应用最广泛的方式。

火力发电一般是指利用燃料燃烧时产生的热能来加热水，使水温变高，产生高压水蒸气，然后再用水蒸气推动发电机来发电的方式。

火力发电是一个能量转化的过程，它分为以下几步：

爱迪生1882年建立的发电大厅

闪电也被利用发电了

第一步，将储存在燃料中的化学能转化为热能，也就是燃烧过程。

第二步，通过水的汽化再将热能转化为机械能，也就是用水蒸气推动汽轮机运动。

第三步，将机械能转化为电能。也就是汽轮机带动发电机，发电机在运转中切割磁力线，从而产生了电。

火力发电使用的燃料一般为石油、煤炭或天然气。根据使用的燃料不同，人们把火力发电分为石油火力发电、煤炭火力发电和液化天然气火力发电等种类。

从火力发电的原理我们可以看出，火力发电站的主要设备应该包括燃料供给系统、给水系统、蒸汽系统、冷却系统、电气系统及其他一些辅助处理设备。其运行过程大致是这样的：首先燃料供给系统通过燃料燃烧

火力电站

世界最早的发电厂

1875 年，法国巴黎北火车站建成了世界最早的火力发电厂，安装的是经过改装的格拉姆直流发电机，为附近照明供电。

提供热量，将给水系统所提供的水加热生成高温、高压的蒸汽，然后再通过其他各个系统，用水蒸气推动发电机，最后发出电来。

自从工业革命以来，火力发电一直是传统的电力能源的获取手段之一。它具有其他发电方式不可比拟的优点，那就是投资少、见效快，尤其是在缺少水资源的地区。

可是，火力发电所使用的燃料都是目前日见珍贵的不可再生资源，因此，火力发电的成本也在逐渐提高，另外，在火力发电的过程中，会排放出大量的二氧化碳温室气体、二氧化硫等污染环境的废料，对环境的污染较严重，在目前环境逐渐恶化的状况下，这个弊端是人们难以接受的，也是亟待解决的难题。

火力发电为什么要用水？

小问题

第三篇
新能源：明天的希望

21 世纪我们使用什么能源?

前面已经说过，目前我们所使用的主要能源比如石油、煤炭、天然气等，都属于不可再生资源，它们就像杯子里的水一样，用一点就少一点。科学家预测，地球上的煤炭将会在今后 200 年内开采完毕，石油将会在今后 40 年内用完，天然气也只能再用65 年左右。为了应对这些可怕的情况，科学家正在寻找新的能源，来代替这些快要用完的能源。

在 20 世纪之前，人类就掌握了使用煤炭、石油、水力、太阳能和生物质能的基本技术。近百年来，人类在能源科学技术领域里取得了突飞猛进的发展，使用核能、太阳能、风能等方面的技术都取得了进展。展望21 世纪，能源自然科学技术将主要在以下几个方面取得突破:

太阳能 "太阳出来暖洋洋"，这说明，太阳本身是有能量的。人类很早就用太阳来取暖、集热等。但是，白天的太阳是普照整个大地的，分散在每个点上的太阳能就少得

太阳能热电站

可怜，如何把这些太阳能集中起来就成为利用好太阳能的关键技术问题。太阳能有着其他能源所无法比拟的优点，比如清洁、可再生、使用方便，等等。随着人类科学技术的不断进步，太阳能肯定会成为我们应用的主要能源之一。

核能 前面我们已经知道太阳中藏着巨大的能量，但是这些能量是怎么来的呢？实际上，太阳的巨大能源来自核聚变能。知道了这个道理之后，科学家就想，能不能够把这种能源搬到地球上来？后来经过研究发现，核能不仅有核聚变能，还有一种叫作核裂变能。这两种反应都会带来巨大的能量。但是，如果把整个太阳搬到我们地球上来，那地球就都要被烤干了。所以，科学家想找到一种方法，就是小规模地利用这种能量，而且要

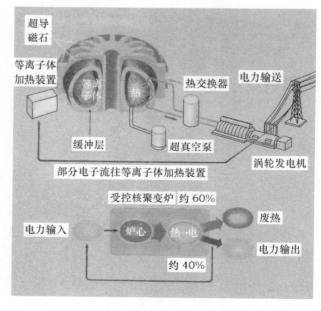

核聚变发电示意图

什么是可再生能源？

可再生能源是指不会随其本身的转化或者人类的利用而逐渐减少的能源，就是说它具有天然的自我恢复能力。例如水能、风能、地热能和太阳能等，它们都可以源源不断地从自然界得到补充，都是典型的可再生能源。

让它可以被我们控制，慢慢地释放出来，这样就好多了。

氢能 大家都知道，在氢气球中充的就是氢气。如果不小心点着了它，它就会发生爆炸。但是，科学家有办法制伏它。经过研究，科学家发现，如果是纯净的氢气，它就会老老实实地燃烧，并不会爆炸。

氢气燃烧后只会生成水，是很干净的。同时氢气的燃烧效率也很高。现在科学家发明出一种使用氢气作燃料的汽车，它的效率是汽油汽车的 2.5 倍。随着科学技术的发

细菌发电，造福人类

展，氢能将在人类的生活中发挥巨大的作用。

生物质能　什么是生物质能？生物质能就是包含在生物质（包括动物、植物和微生物）中的能量。它们之中怎么会有能量呢？大家知道，地球上的植物在不停地进行着光合作用，来为自己提供能量，就像我们吃饭一样。这些通过光合作用储存起来的化学能，就是生物质能。

生物质能最大的特点是可再生、可储存。尽管生物质能（木柴就是一种生物质能材料）是人类最早利用的能源，但是直到今天，我们利用它的效率还很低。生物质能的现代利用，还要通过气化或液化把它们制成方便和可高效利用的能源。

另外，在 21 世纪，燃料电池、洁净煤技术、地热能等各种能源技术也会取得较大的发展。我们的生活也会越来越舒适。

现在，我们向植物要电去！

利用生物能发电

在 21 世纪，什么将会成为我们主要利用的能源呢？

小问题

太阳的能量是如何获得的？

前面已经讲过，太阳能是未来很有发展前途的一种能源，现在我们就来详细地介绍一下太阳能这种崭新的能源。

太阳距离我们很遥远，它离地球约有1.5亿千米，我们肉眼所看到的太阳是一颗明亮的火球，照得我们眼睛都睁不开。确

太阳能集热器

太阳能熔炼炉

实，太阳是一颗非常大而且又非常热的恒
星，它不停地向外辐射出大量的能量（也就
是我们平常所说的太阳能），其中一部分能
量（仅为它总能量的 1/22 亿）到达地球。

少年科普热点

科学研究发现，在到达地球的太阳能中，只有0.015%的能量被植物吸收，0.002%的能量被人们作为燃料和食物利用了，其余的都白白浪费掉了，多么可惜呀。

太阳的能量是非常巨大的。人们发现，太阳向地球辐射的能量，每三天就等于地球所有矿物燃料能量的总和。而且它绝对干净，

太阳能电池阵列

太阳能是向卫星提供电能的主要能源

没有污染。同时太阳能又属于可再生能源，具有天然的自我恢复能力，可以源源不断地从自然界中得到补充。所以太阳能可以说是我们目前最为理想的能源。

能源之手 NENGYUAN ZHISHOU

SHAONIAN KEPU REDIAN

太阳的能量是怎么来的?

太阳上存在着惊人的能量,这些能量是怎么来的呢?实际上,太阳是一个由气体组成的庞大的星球。在太阳内部不断地进行着核聚变反应,也就是氢原子通过聚变变为氦原子,从而释放出巨大的能量。

但是,知道太阳能的好处容易,而利用这种好处可就有学问了。太阳能的绝大部分都被浪费掉了,在能源越来越紧张的今天,如何利用这些浪费掉的太阳能,成为困扰科学家的一大难题。

为什么这些太阳能难以被利用呢?我们知道,整个地球的面积是非常巨大的,而太阳能则是均匀地洒在了地球的表面上。这样,在每个点上的太阳能都非常少,把它们聚集起来是很困难的。科学家研究用大面积集光装置将太阳能集中起来,转化为水能或电能。

太阳能路灯

现在已经设计制造了多种太阳能设备，让这种能源更好地为人类服务。

小问题

太阳能与其他能源相比，具有哪些优点？

宇宙中能建造太阳能电站吗？

科学家想到了宇宙太阳能发电站。

什么是宇宙太阳能发电站？顾名思义，就是说在宇宙空间进行大规模的太阳能发电，然后再通过无线电波把电力输送到地面。这真是一个天才的设想！

1968年，美国人格雷齐尔提出了建造宇宙太阳能发电卫星的设想。他提出将卫星发射到静止轨道，然后利用微波将太阳能电池获得的电力送到地面，这样人类便可获得无限的绿色能源。在1990年举行的一次会议上，日本政府又提出了这样的一个计划——"地球新生计划"。在这个计划中列出了未来100年可使地球环境新生的战略技术，这就是核聚变和宇宙太阳能发电。其中的宇宙太阳能发电就是利用半导体将光能直接转换成电能的发电方法，利用当前的技术可将10%的光能转换成电能。依靠太阳能发电不仅能满足人类活动所需的大部分能源，而且能对地球环境问题的解决做出重大贡献。

宇宙飞船的两个"翅膀"就是太阳能电池板

　　为什么要到宇宙中去发电？这是因为在地面上得到的太阳能很少，每平方米只能获得约 1 千瓦的热功率，而且太阳能的利用还要受天气因素的影响，在阴雨天我们是见不到太阳的，当然也就不能利用太阳能来发电了。为了弥补这一不足，还有人曾提出在日照充足的沙漠地带建造大规模太阳能发电站的设想，但是到了夜里，这样的装置也是不能工作的。

　　在宇宙中则不同。我们知道，地球是不断旋转的，当地球的一面背向太阳时，黑夜就到来了。如果我们把发电的装置发射到空中去，使它永远都面向太阳，这个问题就解决了。而且在太空中也不会受到天气的影

太空发电

响，这样就可以不间断地利用太阳能在宇宙空间发电了。

怎么样才能使发电设备永远朝向太阳呢？那就是把装置发射到地球同步轨道上去。地球同步轨道就是位于赤道上空 36 000 千米的圆形轨道。地球同步轨道上的卫星与地球的自转周期是一致的，也就是每日自转 1 周，所以从地面上看卫星总是处在同一位置上。而且地球同步轨道上的太阳光强度大约为地面上的 14 倍。除日食期间外，可以不分昼夜、不分季节和不管天气好坏进行发电，因此，在宇宙空间太阳能的利用率约是地面上利用率的 10 倍。宇宙空间发电所得的电力用微波送往地面，这样我们在地球上就能够不断地获得宇宙中的能量了。

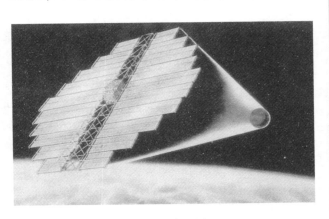

太阳能电力卫星

太阳能都能用来干什么？

人们已经发明了人造卫星、宇宙飞船上用的太阳能电池，不用烧油的太阳能飞机、汽车和汽艇，又精巧、又实用的新型建筑材料"太阳能瓦"，还有太阳能收音机呢！

目前全世界对于宇宙太阳能发电的研究都在热火朝天地进行着。在日本，1987年由国家公立大学和研究所的研究人员组成了文部省宇宙科学研究所太阳能发电卫星研究小组。日本政府又于1990年成立了"SPS2000"宇宙太阳能发电系统实用化研究小组，这个小组现在还在进行这方面的研究。1997年日本又成立了多学科人士参加的太阳能发电卫星研究会。现在，这个研究会的事务局设在东京大学。1998年日本科技厅成立了宇宙太阳能发电研究委员会，专门研究其安全性及经济性问题。美国航天局与能源部更是从1976年就开始进行宇

太空战也要依靠太阳能来提供电力

宙太阳能发电的研究。可以想象，在不久的将来，我们就能用上从宇宙中来的电了！

小问题

你知道怎么进行宇宙太阳能发电吗？

太阳能热水器是怎样工作的？

　　在城市的楼顶上，我们常常可以看到一个个的储水罐，连着储水罐的是一根根玻璃管。这就是我们所说的太阳能热水器。

　　太阳能热水器是目前人们最常用的利用太阳能的装置之一。这个看起来并不复杂的设备，每天可以提供两三个人洗澡用的热水，那么，它是怎样工作的呢？

　　这里我们先来认识太阳能热水器的结

太阳能热水器

太阳能热水器阵列

构，它是由水箱、集热管和支架三部分组
成的。

　　水箱就是我们见到的储水罐，它是太阳
热能水器的储水装置。水箱箱体还可以分为
三层，分别叫作内胆、保温层、外壳。水箱
内胆一般都用不锈钢板加工制成，这样不容
易生锈；保温层的作用是可以保证热量不会
很快地散失，保证了太阳热水器的高效率；
而水箱外壳就是我们平时所见到的了，一般

都是彩色的，非常漂亮。

我们看到的那一根根玻璃管，就是太阳能热水器的集热管。集热管是一种全玻璃真空太阳能集热管，它的外形好像一根拉长的暖壶内胆，管内的吸收表面是一种采用特殊工艺制成的选择性吸收涂层。这种涂层不仅可以最大效率地吸收太阳的热量，而且可以保证这种热量不会很快地散发出去，从而使太阳能热水器的集热效率达到最高。

太阳能热水器的支架采用不锈钢板材加

什么是不锈钢？

在我们的日常生活中，常常会听到"不锈钢"这个词。太阳能热水器也主要是由不锈钢制成的。那么，什么是不锈钢呢？它与我们平常的钢有什么区别呢？原来不锈钢是一种合金，是铁和镍在一定条件下所形成的，由于它性能比较稳定，不会像平常我们所见的钢铁那样容易生锈，因此称为不锈钢。

利用用太阳能热水器洗澡

工成型，外形美观，牢固可靠。它的作用很简单，就是支撑整个太阳能热水器。

以上我们介绍了太阳能热水器的构造，那么它是怎样工作的呢？太阳能热水器的工作原理是这样的：首先将冷水注入水箱当中，然后通过集热管将光能最大限度地转化为热能，最后再通过热交换将整个水箱中的水逐渐加热。

太阳能热水器在家庭中的应用已经越来越广泛，它在我们的日常生活中扮演着重要的角色。但是它也有自身的缺点，那就是它的材料为不锈钢板，而且安装工序复杂，所以它的制造和使用成本都还有些偏高。

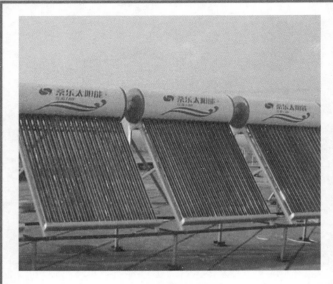

太阳能热水器

太阳能热水器主要是由哪几个部分构成的？

怎样更好地利用太阳能呢？

你见过太阳能热管吗？太阳能热管是一个黑色的长长的玻璃管，科学家们把它叫作"真空集热管"。可别小看了这根玻璃管，它的威力非常大。在寒冷的冬季，将它放到院子里，它都能将冷水烧开。下面我们介绍一下它的结构，你就清楚了。

热管的结构分里外两层。在热管里边，有一个透明的玻璃管，里面有一个能盛液体或气体的管子，叫作接收管。为了防止热量散出去，这两个管子之间抽成了真空。在接收管的表面上有一层特殊的涂料，它能大量吸收太阳光，并把它转化为热量，从而使接收管内的液体或气体的温度升高。在这样的结构下，太阳能就被大量吸收到管子里来了，而且进来了就出不去，统统被用来提高管子里面水的温度。即使在寒冷的冬季，或者在阳光很弱的情况下，热管也能将阳光聚集起来，提供热能，创造出冷天户外热水的奇迹。它与我们目前采用的太阳能平板集热器相比，拆装更方便，使用寿命也长了不少。

热管还有其他的大用途。它既可以单个使用（如用在太阳能灶上），也可以根据需要将多根热管连在一起使用；它不仅可以用来加热，还可以应用在制冷、海水淡化等方面。目前在美国，这种热管使用相当普遍，楼顶上随处可见一排排的热管，非常壮观。我国现在也开始加大对热管的开发使用。从1978年热管传入我国之后，我国的科研人员就开始研究它了。目前，我国不仅已经

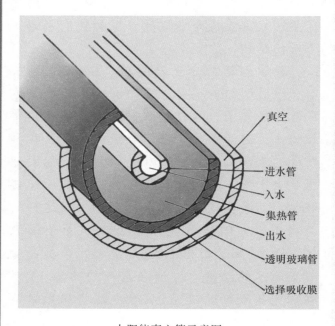

真空

进水管

入水

集热管

出水

透明玻璃管

选择吸收膜

太阳能真空管示意图

热管：更好地运用太阳能

知道太阳能热管是哪一年诞生的吗？

太阳能热管是 1964 年问世的，它由国外一位叫作斯贝伊尔的人创制而成。

用太阳能热管的集热原理与保温瓶结合设计出的
太阳能集热保温瓶

可以独立生产热管，而且还能批量出口。我
国这方面的产品是世界上的最佳产品。

小问题

太阳能热管为什么能在寒冷的
冬天把水烧开？

我们能让风干点什么？

大家对于风是很熟悉的。风中也藏着大量的能量。在很久很久以前，人们就开始利用风力了。现在科学家更充分地利用了风能，把它应用在了我们生活中的各个方面。

风力电站

人们最早使用风力是用风力提水。到了20世纪，风力提水机比以前有了很大的改进。现在的风力提水机主要有两种：一种是用来提取深层地下水的，这在大草原上应用是非常广泛的；还有一种是用来提取河水、湖水的，在有大河的地方，只要有风，就可以把水从河里抽出来。

用风力来发电也已经是很常见的事了。

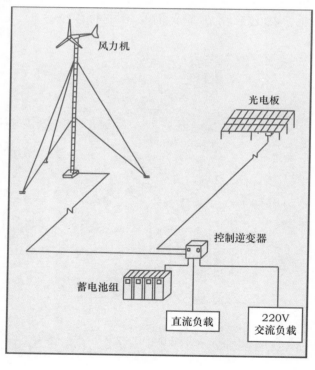

风力发电原理

抓住风的翅膀

在风特别大的地方，我们常常可以见到一个个矗立在旷野中的风力发电装置，风一吹，叶轮就会转起来，这就是风力发电机。利用风力发电，可以根据用电量的多少来改变风力发电机的规模。所以它不仅可以用来大规模发电，还能单独为一家一户发电呢！

还有用风加热。现在用风来加热的方法主要有三种：一种是先用风力来发电，然后用电来加热，就和我们平时见到的电炉子、热得快一样。还有一种是利用风的力量来压

SHAONIAN KEPU REDIAN

风力发电站

风是怎么来的?

风实际上就是空气的流动。风能实际上是太阳能的一种转化形式。太阳照射地面的时候,地球表面的受热不平均,就会引起大气层中压力分布不均,空气沿水平方向运动,这样就形成了风。

缩空气。大家知道当用气筒给自行车打气的时候，如果打的时间长了，气筒就会发热。这是因为空气压缩的缘故。所以，如果利用风力来压缩空气，也可以为我们提供热量！最后一种就是用风的力量来搅拌液体，然后使液体变热。这是我们现在最常用的方法了。

风能的应用方式主要有哪几种？

小问题

你知道生物质能吗？

前面大家已经对生物质能有了初步的了解。现在我们向大家详细地介绍生物质能的来源和使用。

什么是生物质能呢？这首先要从生物

我们油灯用的就是生物质能。

生物质能

沼泽中产生沼气

质开始说起。生物质是地球上最广泛存在的物质，具体地说，它包括了所有的动物、植物和微生物，还有由这些有生命物质派生、排泄和代谢的许多种有机质。这些生物质都具有一定的能量。这种能量，就是生物质能了。

其实人类早就开始利用生物质能了。以前我们"伐木为薪"，就是利用生物质能的一种形式。到了现代，生物质能的利用方式又有了哪些改进和扩展呢？

沼气就是生物质能的一种利用。1776年，意大利的科学家沃尔塔就发现沼泽地里腐烂的生物质会从水底冒出一连串的气泡，这种气体可以燃烧，引起了科学家的注意。于是科学家对它进行了分析，发现它主要是由一种叫甲烷的气体和二氧化碳组成的。由于这种气体最初是在沼泽地发现的，所以人们给它起了个形象的名字——"沼气"。到了1781年，法国的科学家穆拉发明了人工沼气发生器，我们终于可以自己制造沼气了。200多年过去了，现在，全世

我国20世纪60年代开发的以沼气为燃料的拖拉机

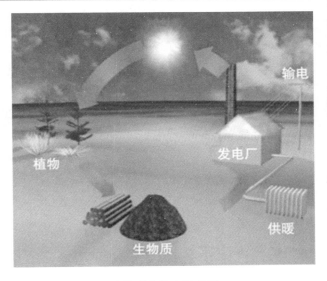

生物质能发电示意图

界农村家用沼气池有 530 万个，我国就占了其中的 92%。中国已经成为世界上最大的户用沼气生产国和消费国。

另外，含有碳的物质（比如木材）在不充分燃烧的情况下，会产生出一种可燃烧的一氧化碳气体，也就是我们平时所说的煤气。知道了这个道理，我们就可以把蕴含在生物质中的能量物质变成气体提取出来了，这就叫作生物质能的气化。而生物质液化就是将固体生物质转化为液体燃料。它主要有两种方式：一种是通过微生物作用或化学合成方法生成液体燃料，比方说乙醇（酒精）、

能源之手 NENGYUAN ZHISHOU

甲醇，这种方法被称为间接液化方法；还有一种就是直接液化了，它是采用机械方法，把植物里的油轧出来，这些油燃烧起来就可以发电或者做其他一些事情了。

听说现在还有一类专门用来大规模培育生物质的能源农场。在能源农场，培育出来的生物质不是像一般农场那样用作食物，而主要是用前面我们讲过的各种方法来生产能量。美国种植有几万公顷的石油速生林；菲律宾有 1.2 万公顷的银合欢树，在 6 年种

生物质能是怎么来的?

为什么在生物质中有能量呢？其实，生物质能是太阳能的一种转化形式，它是太阳能以化学能形式贮存在生物中的，它直接或间接来源于植物的光合作用。虽然地球上的植物进行光合作用所消费的能量，仅占太阳照射到地球总辐射量的 0.2%，但绝对值却很惊人：光合作用消费的能量是目前人类能源消费总量的 40 倍！

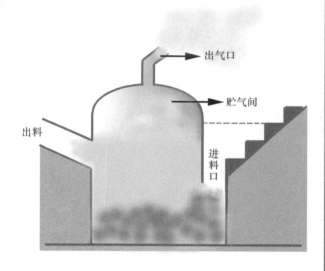

出气口

贮气间

出料

进料口

沼 气 池

植期结束后就可以收获 1000 万桶石油。澳大利亚也在考虑大规模地种植可以提取石油的多年生野草——桉叶藤和牛角瓜。

生物质能的利用方式有几种？

小问题

能源之手 NENGYUAN ZHISHOU

核能有哪两种形式？

核能大家都很熟悉，目前的核电站、原子弹等都是对核能的利用。但是，你知道核能有哪几种不同的形式吗？它们又是如何为人类服务的呢？下面我们来探讨这个问题。

原子弹大家都知道，巨大的蘑菇云给人类带来巨大的灾难。原子弹利用的就是核能的一种方式——核裂变能。也就是一个重原子核（如铀、钚），分裂成两个或多个中等原子量的原子核，引起链式反应，从而释放出巨大的能量。

还有一种方式是轻核的聚变，也就是两个轻原子核（如氢的同位素氘），聚合成为一个较重的核，从而释放出巨大的能量。科学研究表明，这种能量比核裂变能大得多。利用轻核聚变原理，人们已经制造出比原子弹杀伤力更大的氢弹。

重核裂变能源是在 1938 年由放射化学家奥托·哈恩和物理学家施特拉斯曼发现的。1942 年 12 月 2 日，世界上第一座核裂

我国成功爆炸的第一颗原子弹

一座现代核电站

变反应堆在美国的芝加哥大学建成，人类在
这里首次实现了自持链式反应，从而开始了
受控的核能释放。到 1954 年，苏联在莫斯
科附近的奥布宁斯克建成了世界上第一座核
电站，输出功率为 5000 千瓦。到 20 世纪 60
年代中期，核电站走向实用化和商品化。工
业发达国家核电发电成本已与燃煤火力发电
站持平甚至略低。

什么是原子核?

核能的来源就是原子核的裂变或聚变。那么，原子核是什么东西呢？大家知道，原子就是由原子核和围绕原子核旋转的电子组成。而原子核又是由质子和中子组成的。

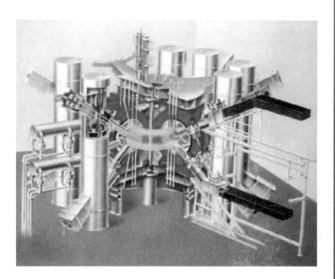

欧洲研制的新一代核聚变试验装置 NET 的构造图

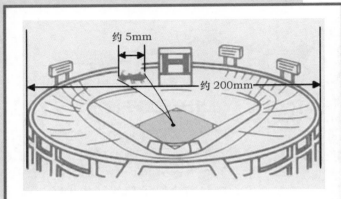

约5mm

约200mm

原子与原子核的相对大小示意图

对轻原子核聚变反应的研究始于 20 世纪 30 年代对太阳的研究。1938 年，物理学家证明，太阳里进行的氢核聚变成氦核的反应，使它还能光芒万丈地燃烧几十亿年。其原理是：氘（氢同位素）原子核在上亿摄氏度的高温条件下发生聚变而释放出巨大能量。由于这种热核反应可人工控制，因此可用作能源。核聚变能量巨大，资源丰富，成本低廉，同时它还是清洁无污染的能源，因此它是 21 世纪的理想能源。

核能有哪几种形式？它们各自具有什么特点？

小问题

福岛核电站事故对核安全的启发？

2011 年 3 月 11 日，日本东北部近海发生了里氏 8.9 级特大地震。震后，日本福岛的第一核电站 6 座核反应堆和第二核电站的 4 座核反应堆都停止运作，第一核电站的 1~4 号机组严重损坏，发生核泄漏。

目前，核电站的反应堆分为沸水型反应堆和压水型反应堆。日本福岛核电站属于单循环沸水型反应堆，只有一个冷却回路。它的工作原理是：核燃料棒在反应堆堆芯发生可控的链式反应，产生大量热量，这些热量传递给反应堆容器内的水，水被加热产生蒸汽，推动蒸汽涡轮发电机产生电能。这个回路里的水，在反应堆运转后是沸腾的，蒸汽通过涡轮发电机后需要进入一个冷凝器，冷凝器引入海水进行冷却。

话说回来，地震发生后，福岛第一、第二核电站的反应堆都已自动停止运行，为什么还会出现严重的核泄漏事故呢？那是因为，当核反应堆"停堆"时，是通过机器控制向反应堆堆芯插入控制棒来停止链式反应

日本强震后的海啸极其惨烈

的，可是核燃料棒里的反射性元素在衰变的过程中依然会产生很大的热量。这样就必须保持冷却水的循环，保证核燃料棒不会因为温度升高出现包裹金属熔解破损的核泄漏。

然而，地震发生后，福岛核电站的应急柴油发电机被迫启动。但随后被海啸带来的洪水淹没，也停止了运转。反应堆机组的主水泵没办法工作，不能为反应堆提供冷却水循环。多个反应堆容器内的冷却水温、压力上升。没多久，福岛第一核电站的1号反应堆容器压力上升，2号反应堆容器内水位也随之下降，由此爆发了核泄漏。

由于沸水型反应堆的经济性比压水型反应堆的经济性好，日本国内发展的都是沸水型反应堆。但是，日本作为一个地震频繁的地区，长期以来，一直有核专家质疑沸水型反应堆结构是否合理。

面对福岛核泄漏事故，核电到底何去何从，又成为当今世界关注的热点。一方面，核物质泄漏后果极其严重。以福岛核电站为例，发生核泄漏后，向海中排放了大量的遭受核污染的海水，法国核安全局的科学家评估，其有害影响可能几十年也难以清除。万

何为压水型反应堆？

压水型反应堆，是使用加压轻水（即普通水）做冷却剂和慢化剂，且水在堆内不沸腾的核反应堆。燃料为低浓铀。堆芯内气压很高，因此300多摄氏度的冷却水并不会沸腾。其冷却系统由两个循环回路组成，其安全性能高于沸水型反应堆。现在世界上大多数国家都是采用的压水型反应堆。我国已建成的秦山核电站一二期工程、大亚湾核电站、田湾核电站、岭澳核电站均采用压水型反应堆。

一当时情况稍有恶化，反应堆里的核燃料直接泄露到大气和海水中，则后果不堪设想。

另一方面是核废料的处理难题。有些核物质的衰变周期达到几十万年，现有的密封存放方法，无法完全规避泄漏的风险。即便在技术领先的美国，为此也长期争议不休，至少有10多座已经停止运行的核电站还在等待处理核废料。

目前各国都在做出反应，德国已作出决定，在2020年前关闭所有核电站，这不只是为了防止造成污染，更是为了防范恐怖袭击。

然而，也有一些专家认为，只要大幅度提升安全措施，核电仍旧是安全的。况且，比起化石燃料发电，核能发电本身不会对大气造成污染，也不会产生二氧化碳而加重

福岛核电站震前和震后对比

大型直升机从海上提取海水，准备冷却反应堆

地球的温室效应，铀燃料也便于运输，成本低。因此，面对各国超负荷的用电压力，短时间内寻找到新的代替型能源还不乐观。在保证安全的前提下，核能还有发展的空间。

何去何从，正在考验着人类的科学智慧。

核电主要有什么优点？为什么？

小问题

核聚变的能量有多大？

核聚变大家都很熟悉了，太阳中的巨大能量正是通过核聚变反应产生的。目前人类利用这种反应，已经制造出了各种威力巨大的核武器。但是，如何将这种能源和平地加以利用呢？这一直是各国科学家致力研究的课题，因为，核聚变能是21世纪最重要的能源之一。

核聚变能是一种特殊的能源，与别的能源不同，它不受时间和地域的限制，随时随地都能够生产出来。同时，它又是一种取之不尽的能源。核聚变反应的原料是氘（氢的同位素）和氚，它们在发生反应生成氦的同时会释放出巨大的能量和大量的中子，氘丰富地蕴藏在水中，可人工制取。据实验测定，一升水含有30毫克氘，若全部发生聚变反应，可释放出相当于300升汽油燃烧所放出的能量。如果把全球海水全部通过核聚变转化成能源，按当前世界能源消耗水平可以让我们使用一万亿年。这种前景实在太诱人了。

氢弹爆炸

　　人类研究核聚变能已经有几十年的历史了。早在 20 世纪 50 年代初，美国、英国、苏联等国便开始了核聚变研究。现在全世界已有 30 多个国家及地区开始了这种研究，其中以美国、欧盟各国、日本及俄罗斯发展最快，他们不仅建造了目前规模最大、水平最高的装置，而且正在联合设计建造一个规模更大的装置——国际热核实验堆。

　　1991 年 11 月，欧洲国家在进行氘氚反应时，得到了受控核聚变能量；1993 年 12 月，美国一个实验装置通过氘氚反应得到 6.4 兆瓦能量。这标志着受控核聚变的可行性研究在世界上已取得突破。预计在 2030 年前后，人类将建成第一座商业性的热核发电堆。

美国普林斯顿大学托卡马克核聚变试验系统

简易核聚变装置辐射核聚变时的照片

什么是核聚变?

核聚变是利用氢的同位素氘、氚在超高温等条件下发生聚变反应而获得巨大能量的技术。核聚变的实现需要满足如下条件：在1亿摄氏度高温下，把氘和氚密封在容器里，控制其电子密度为每立方厘米100万亿个，维持时间在1秒以上。一旦受控核聚变在商业上获得成功，它必将给人类的生产和生活方式带来巨大的变化。

能源之手 NENGYUAN ZHISHOU

核聚变的巨大能量

小问题

核聚变能具有什么特点呢?

电池也需要添加"燃料"吗?

电池大家都见过,手机、手电筒、收音机、笔记本电脑都需要用电池。但是,现在科学家们研究出一种全新的电池,叫作燃料电池。它不仅可以用在这些小电器中,还能用来大规模地发电呢。

燃料电池之所以也叫作电池,是因为它和手电筒里的干电池、汽车上的蓄电池一样,都是一种化学电池,它利用物质发生化学反应时释放的能量,直接将其变换为电能。它也是由正、负电极和电解质组成。正、负电极上的活性物质同电解质一起发生化学反应,便有电子从负极经外电路跑到正极,再回到电池内,形成回路,从而为外电路的电器设备源源不断地供电,这一点同干电池和蓄电池是一样的。

但是我们知道,一般的电池用过一段时间以后就没电了,而燃料电池就不会这样。它的独特之处在于,正负电极上的活性物质可以从电池外面随用随取,使它可以不断地工作下去,而不会产生"没电了"的现象。

而且，它能产生很大的电功率，足以代替常规的火力发电设备供电。

目前，燃料电池的发电效率已接近40%，而常规发电机的最高发电效率才45%～50%。所以我们可以想象，在不久的将来，这种电池会在我们的生活中扮演重要的角色。

目前投入使用的燃料电池用磷酸作为电解质，人们给它取名字叫作磷酸电池，它在正常环境下能产生几百千瓦的功率。现在，功率为200千瓦、用作辅助发电手段的磷酸电池，已经由美国和日本商人联合投资的国际燃料电池公司制成商品出售。但是，这种

配置燃料电池的笔记本电脑

燃料电池是怎么发明的？

　　早在 1839 年，英国科学家就提出了氢和氧反应可以发电的原理，这就是最早的氢－氧燃料电池。但直到 20 世纪 60 年代初，由于航天和国防的需要，才开发了液氢和液氧的小型燃料电池，应用于空间飞行和潜水艇。最近二三十年，由于一次能源的匮乏和环境保护问题突出，要求开发利用新的清洁再生能源。燃料电池由于具有能量转换效率高、对环境污染小等优点而受到世界各国的普遍重视。

电池除成本较高外，还由于用液体做电解质，所以具有腐蚀性、易泄露和发生损耗等缺点。目前研究人员正在开发固体氧化物电池。它的电解质是由三氧化二钇来稳定的固体二氧化锆，具有较高的发电效率，同时又克服了原有的缺点。日本的一家科技公司在 2009 年就研发出一种新型的燃料电池，发电效率达到 63%，具有广阔的应用前景。

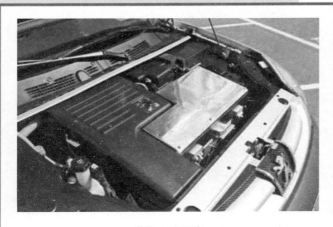

燃料电池汽车

燃料电池是怎么工作的？

小问题

地热能的能量有多大？

你知道在我们的脚底下也有能量藏着吗？这就是地热能。像我们平时说的温泉，就是地热能的一种。

冰岛的地热资源

地热资源是怎么产生的呢？

产生地热资源需要有两大要素：发热的岩石和滚烫的水。由此派生出地热利用的两种模式：一种是直接将地下热水抽出，一种是向地下有热岩的地方加注冷水，再把热水从另一处抽出。

人类早就开始利用地热能了。早在2000多年前，我国东汉时期的大科学家张衡就尝试过利用温泉治病。到了近代，特别是随着能源危机的来临，人们开始更加重视利用地热能为人类服务。

地热实际上是地壳深处的热核能。在我们脚底下，也就是地球内部有大量的放射性元素，它们不断地进行着核反应，释放出巨大的热量。地球中心温度高得吓人——6000摄氏度！这些热量穿过厚厚的地层，时时刻刻向太空释放，这种"大地热流"产生的能量，就是我们平时所说的地热能。地热资源有两种：一种是地下蒸汽或地热水（温泉）；还有一种是地下的岩石带来的热能。

地热能的利用方式主要有两种：一种是利用地热发电，还有一种就是对地热能直接利用。地热发电的原理与火力发电的原理基本相同，都是利用汽轮机将热能转化为机械能，再由发电机变成电能。但是与其他发电方法不同的是，地热发电具有投资少、发电

地热资源是一种开发前景十分广阔的能源

地热的利用很有前途！

人类不断寻找地热的开发利用途径

成本低和发电寿命长等优点。地热电站主要有干地热电站、湿地热电站和热水电站三类。而对于温度较低的地热能，由于发电转化率低，经济性差，适宜于直接利用，主要有工业利用（干燥、印染、空调等）、农业利用（温室种植、水产养殖等）、建筑物采暖、医疗等多种用途。

我们脚底下的地热能是相当巨大的。根据科学家推算，地热能是全球煤热能的1.7亿倍！而且，地热在世界上的分布非常广泛。在美国的阿拉斯加，有一个叫作"万烟谷"的地方，是世界闻名的地热集中地，在24平方千米的范围内，有数万个天然蒸汽和热水的喷孔，喷出的热水和蒸汽的最低温度为97摄氏度，最高温度达645摄氏度，每秒喷出2300万升的热水和蒸汽，每年从地球内部带往地面的热能相当于600万吨标准煤！

在冰岛，全国85%以上的住宅都利用地热供暖，首都雷克雅未克更是实现全部地热供暖与发电。雷克亚雅未克的居民们一年内用5000多万吨热水，相当于每年省下2吨石油。

我国的地热储量也是非常丰富的，仅温度在100摄氏度以上的天然出露的地热泉就达3500多处。我国首都北京也是当今世界上6个开发利用地热能较好的首都之一（其他5个为法国的巴黎、匈牙利的布达佩斯、保加利亚的索非亚、冰岛的雷克雅未克和埃塞俄比亚的亚的斯亚贝巴）。北京利用地热采暖的面积已达200多万平方米，年节约煤约10.46万吨。现在有地热泉50多处。

地热能的利用有哪些方式？

小问题

地热能有哪些用途？

地热发电的原理与火力发电很相近。首先把地热能转换为机械能，再把机械能转换为电能。由于地热资源分为高温干蒸汽、高温湿蒸汽和热水等不同种类，因此地热发电系统主要有四种类型：

地热蒸汽发电系统 它的工作原理是利用地热蒸汽推动汽轮机运转，产生电能。如果地热蒸汽中的有害及腐蚀性成分过多时，也可用地热蒸汽加热洁净的水，重新产生蒸汽来发电，也就是二次蒸汽法发电站。这种系统技术成熟、运行安全可靠，是地热发电的主要形式，目前全世界约有3/4的地热电站属于这种类型。例如，我国的西藏羊八井地热电站采用的便是这种形式。美国加州的盖瑟斯地热电站也是二次蒸汽法的典型代表，装机容量达500兆瓦以上，是目前世界上最大的地热电站。

双循环发电系统 它以低沸点有机物为介质，使这种物质从地热中获得热量，从而转化为蒸汽，进而推动汽轮机旋转，带动发

地热发电的潜力真大啊

电机发电，用于这种发电法的地热水的温度一般低于 100 摄氏度。例如俄罗斯在堪察加半岛建立的地热电站，所用地热水的温度仅为 70～80 摄氏度，以低沸点的氟利昂为介质，其总装机容量为 680 千瓦。

全流发电系统 这种系统将地热井口的全部流体，包括所有的蒸汽、热水、不凝气体及化学物质等，不经处理直接送进全流动力机械中膨胀做功，然后排放或收集到凝汽器中。这种形式可以充分利用地热流体的全部能量，但技术上有一定的难度，现在还只是一种设想。

干热岩发电系统 利用地下干热岩体发电的设想，是美国人莫顿和史密斯于1970年提出的。进行干热岩发电研究的还有日本、英国、法国、德国和俄罗斯，但迄今尚无大规模应用。

第一个地热能发电站的建立

1924 年由意大利人拉德瑞罗创建，装机容量为 250 千瓦，开地热能利用之先河。其后，意大利的地热发电发展到 50 多万千瓦。1972 年，美国人在新墨西哥州北部打了两口约 4000 米的深斜井，从一口井中将冷水注入干热岩体，从另一口井取出自岩体加热产生的蒸汽，功率达 2300 千瓦。

地 热 资 源

小问题

目前已经投入使用的地热电站有哪几种类型呢?

垃圾也能发电吗？

我们在生活中天天都往外扔垃圾，现在垃圾的数量越来越多，全世界一年产生的垃圾有 450 亿吨，平均一个人近 2 吨。而且这个数字还在以每年 8.42% 的速度增长。日本在亚洲被称为"垃圾王国"，仅在生活垃圾方面它一年就会产生 3 亿多吨。所以如何处理或利用这些垃圾，已经成为科技开发的又一新领域。

利用垃圾发电，是科学家们首先选择的处理途径。

世界上处理垃圾的方法大部分都是直接烧掉。所以从 20 世纪 70 年代开始，一些发达国家便着手运用焚烧垃圾产生的热量进行发电。欧美一些国家建起了垃圾发电站，美国的一个垃圾发电站的发电能力高达 100 兆瓦，每天可以处理垃圾 60 万吨。现在，德国的垃圾发电厂每年要花费 1000 亿美元从国外进口垃圾。进口垃圾，这真是不可思议的事情啊。据统计，目前全球已有各种类型的垃圾处理工厂近千家，未来，各种垃圾综合利用工厂将增至 3000 家以上。根据科学家预

垃圾也能发电

测，垃圾中的二次能源如有机可燃物等，所含的热量是非常高的，焚烧 2 吨垃圾产生的热量就相当于 1 吨煤了，你说这能不是宝贝吗？

既然垃圾发电有许多优点，那么为什么现在垃圾发电没有得到普及呢？这是因为，在垃圾发电的过程中会产生很多的废气，这些废气都是有毒的，对人体危害很大。现在日本正在推广一种超级垃圾发电技术，采用

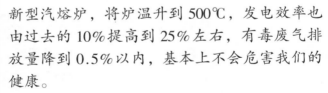
垃圾发电站

新型汽熔炉，将炉温升到500℃，发电效率也由过去的10%提高到25%左右，有毒废气排放量降到0.5%以内，基本上不会危害我们的健康。

　　与此同时，人们还在研究中发现，不仅可以用焚烧垃圾来发电，还可以建垃圾"沼气田"发电。大家都已经知道沼气了，将垃圾用厌氧细菌进行发酵处理，通过生物降解作用，每吨生活垃圾会产生400立方米沼气，然后再利用沼气进行发电。虽然现在垃圾发电的成本仍然比传统的火力发电高，但是，随着垃圾回收、处理、运输、综合利用等各环节技术不断发展，工艺日益科学先进，垃圾发电很有可能会成为最经济的发电技术之一。从长远效益和综合指标看，将优于传统的电力生产。尤其是作为"绿色"技术，垃

人们正在改变对垃圾的看法

圾发电的环境效益、社会效益等都是无形的、巨大的。我国是世界上的垃圾资源大国。在许多地区，垃圾堆积成山，不仅占用大量土地，也影响城市环境与面貌，污染空气，成为各种细菌、病毒、蚊蝇理想的栖身繁衍场所，间接地危害着人的身心健康。如果我国能将垃圾充分有效地用于发电，每年将节省煤炭5000万~6000万吨，其"资源效益"极为可观。

我国深圳从1988年就率先利用垃圾发电，目前有7座垃圾焚烧发电厂，日焚烧垃圾4875吨。

其他国家的垃圾热电厂能发多少电？

美国的垃圾热电厂装机容量为1.27吉瓦，日本为1.25吉瓦，法国为970兆瓦。美国的垃圾热电厂是近年世界上发展最快的。

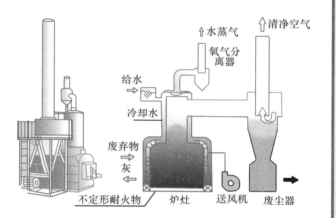

烧炉示意图

小问题

垃圾发电有哪几种方式？

海滩上的电站利用什么来发电？

　　汹涌澎湃的大海是很多人都非常向往的。海水可不是平静的，它总是一浪接一浪地扑过来。海水的这种运动我们把它叫作潮汐。这种运动所带来的能量就是潮汐能。潮汐能的蕴藏量是巨大的。根据科学家的计

海洋潮汐电站畅想图

能源之手 NENGYUAN ZHISHOU

海浪发电站

算，世界海洋潮汐能蕴藏量约为 27 亿千瓦，若全部转换成电能，每年发电量可以达到 1.2 万亿千瓦时！

潮汐发电的原理与水力发电的原理很相近，它是利用潮水涨、落产生的落差来发电的。在大海的入口处建一个拦水堤坝，这样水入大海时"唰"地冲下来，带动机器发电。

147

朗斯潮汐电站

　　但是海水的运动并不是总朝着一个方向的，这样就使得潮汐发电出现了不同的形式。例如有的电站只能在落潮时发电，叫作"单库单向型"；有的在涨、落潮时都能发电，叫作"单库双向型"。

　　1912 年，德国在胡苏姆兴建了一座小型潮汐电站，由此开始把潮汐发电的理想变为现实。世界上第一座具有经济价值，而且也是目前世界上最大的潮汐发电站是 1966 年在法国西部沿海建造的朗斯潮汐电站，它使潮汐电站进入了实用阶段，年均发电量为 5.44

亿千瓦时。1968 年苏联在巴伦支海建成的基斯洛潮汐电站，其总装机容量为 800 千瓦，年发电量为 230 万千瓦时。

我国目前沿海已建成 9 座小型潮汐电站，1980 年建成的江厦潮汐电站是我国第一座双向潮汐电站，也是目前世界上较大的一座双向潮汐电站，其装机容量为 3900 千瓦，2010 年全年发电量达到 731.74 万千瓦时。

总的看来，世界各国对潮汐发电很重视，但是由于潮汐发电的开发成本较高和技术上的原因，发展的速度还有待提高。

潮汐能是怎么来的?

潮汐能来源于月球对地球的引力，是指海水涨潮和落潮时形成的水位差，因此，它属于力能。这种涨、落的时间间隔，一般是 12 小时 25 分。在大洋中，这种落差一般仅为几十厘米，而在某些窄浅的海湾或河口可达十几米。

人类正在思考海浪的开发利用

小问题

潮汐是怎样被用来发电的？

"让细菌为人类供电"会成为现实吗？

　　说起细菌，大家可能都深恶痛绝，它是传播疾病的元凶。但是，细菌同样可以为人类服务。且不说在我们的肠胃中有多种细菌在帮助我们消化食物，就是在能源方面，细菌也可以一展神通。

　　很久以前人们就开始设想用细菌来发电了。1910年，英国植物学家利用铂作为电极，放进大肠杆菌的培养液里，成功地制造出世界上第一个细菌电池。到了1984年，美国科学家第一次设计出了一种可以在太空飞船使用的细菌电池，很有趣的是，他利用宇航员的尿液和活细菌作为电池的活性物质。不过，那时的细菌电池发电效率是非常低的，根本就不能大规模地利用。

　　20世纪80年代末，细菌发电有了重大突破，英国化学家让细菌在电池组里分解分子，以释放电子向阴极运动产生电能。其方法是，在糖液中添加某些诸如染料之类的芳香族化合物作为稀释液，来提高生物系统输送电子的能力。在细菌发电期间，还要往电

少年科普热点

SHAONIAN KEPU REDIAN

池里不断地充气，用以搅拌细菌培养液和氧化物质的混合物。据计算，这种细菌电池的效率可达40%，远远高于现在电池的发电效率，而且还有10%的潜力可挖掘。只要不断地往电池里添入糖就可获得2安培电流，且能持续数月之久。

细菌还具有捕捉太阳能并把它直接转化成电能的"特异功能"。最近，美国科学家在死海和大盐湖里找到一种嗜盐杆菌，它们含有一种紫色素，在把所接受的大约10%的阳

也许有一天细菌发电厂可以代替污染严重的热电厂

光转化成化学物质时，即可产生电荷。科学家们利用它制造出一个小型实验性太阳能细菌电池，结果证明是可以用嗜盐性细菌来发电的，用盐代替糖，其成本就大大降低了。也许有一天，如果直接使用海水，那么几乎就可以无成本运作了。由此可见，让细菌为人类供电已不是遥远的设想。

利用细菌发电原理，我们还可以建立细

细菌的由来

细菌在我们的生活中无处不在，我们生活中的许多疾病都是由它引起的，人类很早就开始了同细菌的斗争。直到 19 世纪巴斯德发现细菌以后，人类同细菌的斗争才从暗斗变成了明争。但是，随着科技的发展，人们发现，细菌并不是一无是处，我们的生活是与细菌息息相关的。例如，在我们的大肠中有一种细菌叫大肠杆菌，就是帮助我们消化食物的好帮手。

菌发电站。1000 立方米的正方体容器里充满细菌培养液，就可建立一个 1000 千瓦的细菌发电站，每小时的耗糖量为 200 千克，发电成本是高了一些，但这是一种不会污染环境的"绿色"发电站，更何况技术发展后，完全可以用诸如锯末、秸秆、落叶等有机物的水解物来代替糖液，因此，细菌发电的前景也十分诱人。

细菌发电，造福人类

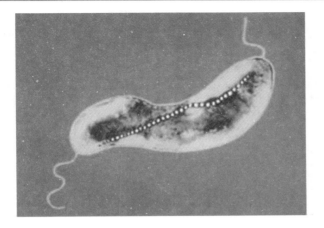

细　菌

　　现在，发达国家如八仙过海，各显神通：美国设计出一种综合细菌电池，是由电池里的单细胞藻类首先利用太阳光将二氧化碳和水转化为糖，然后再让细菌利用这些糖来发电；日本将两种细菌放入电池的特制糖浆中，一种细菌吞食糖浆产生醋酸和有机酸，而让另一种细菌将这些酸类转化成氢气，由氢气进入磷酸燃料电池发电；法国科学家在 2012 年更研发出一种在清理废水的同时产出电能的细菌电池。

细菌是如何发电的呢？

小问题

155

用氦发电是怎么回事？

氦是一种气体，不过它非常"懒惰"，不喜欢和别的物质发生反应。但是，氦在我们的生活和生产中所起的作用可不小。你见过霓虹灯吧，在夜空下五颜六色地闪烁着，非常漂亮。这里面就有氦的很大功劳。往玻璃细管中充入氦，经过通电激发产生能量，

霓虹灯美化城市

阿波罗飞船进入月球轨道

就能够发出浅红色的光。现在经过科学家的努力探索，又想出了用氦发电的好办法。

但是，要想大规模地利用氦，必须靠人工来提取。而人工制取氦是非常困难的，所以，科学家想，既然现在宇航技术这么发达，可不可以到别的星球上去寻找氦呢？

经过探索，人们发现，在月球表面覆盖着一层由岩硝、粉尘、角砾岩和冲击玻璃组成的细小颗粒状物质。这层月壤富含由太阳风粒子积累所形成的物质，如氢、氦、氖、氩、氮等。在加热到700摄氏度时，这些物质就可以气体方式全部释放出来，其中，氦－3这种核聚变反应的高效燃料，在月壤中的资源总量可以达到100万～500万吨。另据计算，从月壤中每提炼出1吨氦－3，还可以获得约6300吨氢气、700吨氮气和1600吨含碳气体（CO，CO_2）。所以，如果开发适当，月球可以成为地球的一个能源基地，人们到月球上生活的能源是完全有保障的。

随着航天技术的发展，科学家已设计出一种装置来收集月壤中的氦－3，经试验证实，利用氘和氦－3的热核聚变反应是最理想的一种核聚变反应，它转换为电能的效率最高，而产生的放射性最低。如果今后每年能够从月壤中开采1500吨氦－3，就能够满足世界范围内的能源需要。若再考虑到其他星球上的氦－3，那么，利用氦能发电的前景将是无比乐观的。

氦是怎么发现的？

1868年，法国天文学家詹逊观测日食的时候，在日冕光谱中发现了氦。这种稀有气体无色无味，在空气中大约占整个体积的0.0005%，密度只有空气的1/7.2，是除了氢以外密度最小的气体。别看氦的数量少、密度小，但它的本领可不一般，能够应用于填充霓虹灯、电子管、飞艇和气球，也可用于冶炼和焊接金属时的保护气体。

月球蕴藏的丰富宝藏等待人类去开发

我们可以在哪里提取到氦呢？

小问题

海水温差也能发电吗？

　　看到这个题目，大家也许很奇怪。什么是海水温差呢？海水温差又是如何发电的呢？

　　海水温差发电是指利用海水表层与深层之间的温度差进行发电的技术。海水温差是这样形成的：由于海水比热比较大，在热带和亚热带海域，在海洋表面收集和贮存了大量的太阳辐射能。而在海洋深处，由于太阳

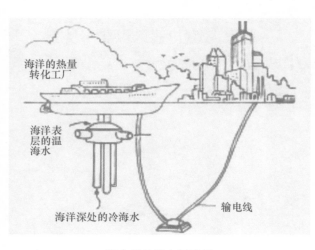

海洋的热量
转化工厂

海洋表
层的温
海水

海洋深处的冷海水

输电线

海水温差发电示意图

人们很早就已经能够利用海水发电了

光照射不到，海水较冷。海洋深层（约1000米以下）的海水温度经常保持在4~10摄氏度，海洋表层与深层之间自然出现随深度增大的温差。

一般海水温差约20℃，全球可开发的海水温差能在100亿千瓦数量级。海水温差发电就是将海洋中储存的热能开发出来，并将其转化为电能，也就是海洋热能转换。

美国马里兰州安纳波利斯的潮汐发电厂（左半图）

利用海水温差发电的设想是 1881 年法国学者 J. 达松伐尔最早提出的。1930 年他的学生 G. 克劳德在古巴马坦萨斯海湾建成了第一个 22 千瓦的海洋温差发电试验装置。经过半个世纪的探索，美国于 1979 年在夏威夷建成世界上第一座 53 千瓦的海洋温差发电装置，并开始着手设计数万千瓦级海洋温差发电站。

海洋温差发电具有许多优点。它不会产生空气污染物或放射性废料，发电副产品是

美国马里兰州安纳波利斯的潮汐发电厂（右半图）

无害而有用的淡化海水，同时，海水温差发电不受变化的潮汐和海浪的影响，储存在海洋中的太阳能任何时候都可以获得，这对于海洋热能转换装置的发展至关重要。

海洋热能转换系统有开式循环系统和闭式循环系统两种。

开式循环系统将取自海面的温热海水在真空室中骤然蒸发为 22 摄氏度的蒸汽，然后蒸汽驱动发电机发电，未蒸发的水被排出，在热交换器中深海中的冷海水使蒸汽冷却为液体。

闭式循环系统是利用温热海水使液态氨在蒸发器中汽化，然后利用氨蒸气推动发电机发电，深海中冷海水在冷凝器中使氨蒸气恢复液态。

两种发电方式各有利弊。前者不易于扩大发电规模，而后者不能生产饮用淡水。目前科学家的研究方向就是将二者结合起来，首先通过闭式循环系统发电，然后再利用开式循环系统对装置流出的温海水和冷海水进行淡化。

世界上最大的海洋循环系统

1994 年 9 月由凯卢阿—科纳采用开式循环系统创造了海洋热能转化的纪录：总发电量达到 255 千瓦时，净发电量为 104 千瓦。

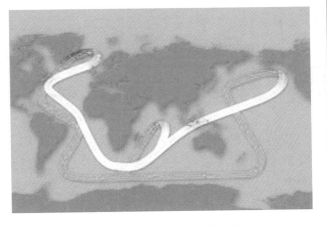

全球海洋环境中携带着大量的能量

利用海水温差发电有什么优点？

小问题

能源之手 NENGYUAN ZHISHOU

海藻是怎样"燃烧"的？

海藻是一种生活在海底的植物，我们平时所食用的海带就是海藻的一种。它能用作燃料是指人们可从微小的海藻中提取洁净、有效的氢气，从而用作汽车、发电、照明等的燃料。这是由美国植物学家与生物学家发现的。

海　藻

平静的大海下面蕴藏着巨大的能源

如何从海藻中提取氢气呢？这要从海藻的生长机理谈起。研究表明，海藻这种水生植物的生长离不开硫与光合作用。一旦缺乏硫，海藻就会转变成"氢化酶"的形式。绿色的海藻既不会节食，也不能不呼吸。当缺乏硫的供应时，它们就会发生氢化反应，这其实是在"换一种方法呼吸"，此时海藻就会释放氢气。

于是科学家想到，能不能用一种称为"氢化酶"的酶，使海藻中的水分解成氢气与氧气呢？科研人员在使海藻产生氢气的过程中，先让海藻自然生长，让它们通过阳光与水进行光合作用，然后剥夺其对硫的摄入，迫使它们进入"氢化酶"的过程循环，从而释放氢气。据估计，在一个小池塘中长满的海藻，可以产生出使12辆汽车行驶一个星期的氢气。实验室中的每1升海藻可以产生3毫升氢气。目前科研人员正致力于提高海藻产生氢气的效率，使每1升海藻中产生的氢气增加10倍。

科学家们预言，如果让海藻释放出氢气，再让它们继续吸收阳光与硫，不断得以生长，甚至可以用污水作为它们的食物，将可望形成一个综合性的工程，不但可以减少环境污染，还能形成一个能源加工场，从而缓解能源短缺。

氢气的燃烧

氢气是自然界中最轻的气体。一个氢分子由两个氢原子组成。在氢气的燃烧过程中，氢元素和氧元素结合，最后生成水，同时释放出热量。

长满了海藻的海滩

小问题

海藻可以燃烧的原理是什么？

你 听 说 过 可 以 燃 烧 的 "冰" 吗?

　　冰是由水形成的，所以它确实不会燃烧，但我们这里所说的可燃冰，却是一种特殊的"冰"。或者说，这种物质只是像冰，但是它的组成成分却与冰不一样。

　　可燃冰的发现是在1974年。美国的科学家在海洋中钻探时，发现了一种看上去很像普通冰块一样的东西，当这种东西碰到火时，竟然被点燃了！这引起了科学家极大的

燃烧的"冰"

可燃冰在地球上有多少？

可燃冰在地球上的储量十分巨大，其总能量为全球煤、石油和常规天然气的 2～3 倍，是我们理想的第四代能源。

兴趣。"冰"居然可以燃烧，于是就有了"可燃冰"这一形象的名称。随着研究的深入，科学家发现，这种"可燃冰"实际上是一种由水与天然气相互作用形成的晶体物质，当它从海底被捞上来时，具有冰的外形，但很快就变成冒着气泡的泥水了，而那些气泡就是甲烷。于是给它取名叫作"天然气水化物"。但是，"可燃冰"这个名字因为形象生动仍然被广泛使用着。随着地球上人类可采的石油、煤炭等资源的减少，许多国家已把"可燃冰"作为一种替代能源进行开发研究，并取得了很大的成绩。

根据研究证明，1 立方米的固体"可燃冰"能释放出 200 立方米的甲烷气体，这种

能源之手 NENGYUAN ZHISHOU

171

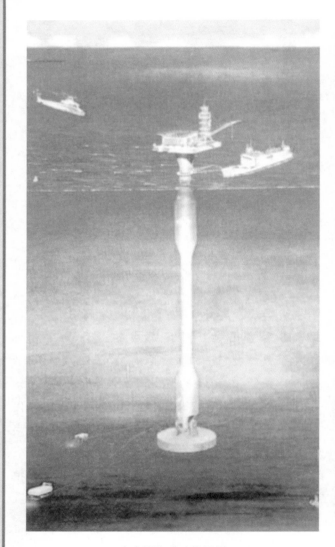

未来深海采矿构想图

能源之手 NENGYUAN ZHISHOU

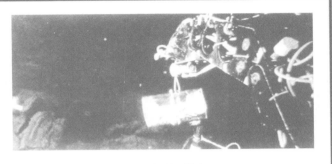

深海采矿机器人

本领是其他许多能源都望尘莫及的。有关研究成果表明，"可燃冰"形成的必要条件是低温和高压，因而主要存在于冻土层中和海底大陆坡中，且蕴藏量巨大，保守估计它是石油储量总和的两倍以上，只要开发得当，完全可以取代石油和煤炭。

但是，开发"可燃冰"是非常危险的。由于这种水化物是在低温高压下形成的，一旦脱离地下和海底，气化造成的"温室效应"比二氧化碳高出若干倍，而且开采时还会导致海床崩塌使甲烷大量释放。由于天然气的主要成分是甲烷，释放过程中一旦失控，就会发生可怕的爆炸。因此，在没有成熟的开发技术之前，世界上各个国家都不敢开采可燃冰。目前，起步较早的美国、俄罗斯等国家已经进入"可燃冰"的初级开发阶段。早在 2001 年，我国就在南海海域钻获可燃冰。

人类不断地向海洋寻找新能源

　　2009 年，我国首次在陆域发现可燃冰，并且预计我国陆域可燃冰远景资源至少为 350 亿吨油当量，未来 10～15 年内可进行商业性试采。

小问题　　　可燃冰为什么可以燃烧呢？

什么是反物质能源？

在现代文明的哺育下，人类自身变得极为脆弱，人类对能源的依赖性越来越强。按照目前人类对能源的消耗速度，如果不能在2050年之前找到几种取之不尽、用之不竭的终极能源，并广泛投入使用，后果将难以想

反物质设想图

什么是反物质？

大家只知道物质，但是你们知道吗，在宇宙的深处，可能还存在着一种被称为"反物质"的东西，据科学家推测，这种物质同我们目前所处的世界中的物质完全不同。当反物质同我们周围的物质发生接触时，就会湮灭，同时释放出大量的能量。有人认为，外星飞船（即UFO）就是利用这种能量进行飞行的。但是，反物质的存在目前还只是猜测，它的存在还有赖于科学进一步验证。

像，人类的现代生活方式也将成为不可持续的。

目前科学家正在致力于对反物质的研究。反物质如果被探明确实存在，那将会是对在此基础上建立起来的现有宇宙起源论及相对论量子力学理论的最有力的实验验证。所谓"反物质"只要一碰见我们日常生活中的普通物质，马上就会和它们同归于尽，变成不可思议的巨大的能量。所以，在用来解决未来能源问题的方案中，除了向海洋索取能源以外，人类的视野还深入了太空深处。并且科学家也把反物质当作一项极有潜力的未来能源。

　　你知道爱因斯坦的质能方程吧！根据这个原理，物质减少的质量将会转化为能量。现在的核反应正是利用了这一点，但核反应在质量转化为能量的过程中会产生损耗，使得质量不能完全转化为能量；而物质与反物质发生的湮灭反应则不同，在这种反应中释

爱因斯坦的质能公式深刻地揭示了
质量与能量之间的关系

放出的一种光子是没有质量的，不会发生能量的损耗，所以其质量将会完全转化为能量。举个例子来说，1 千克铀－235 完全裂变（即发生核反应）释放出的能量相当于 2000 吨优质煤完全燃烧时所放出的化学能，而同等质量的物质与反物质湮灭放出的能量则是

是否存在反物质世界还是个谜

人类在不断地寻找反物质

铀－235 的 3200 多倍！因此探索反物质对于能源相对短缺的现代社会有着极为重大的意义。2011 年 4 月，美国宇航局奋进号航天飞机就把反物质太空磁谱仪送往国际太空站，投入在太空中搜寻反物质的研究过程。

　　但是如果反物质的设想是错误的，也就是说反物质并不存在，那么反物质能源的梦想也将成为泡影。

小问题

反物质能源是从哪里来的？

氢气中究竟含有多大的能量?

你见过氢气球吗?它能飞得很高很高。氢气球中充满着氢气,氢气比空气要轻得多,所以氢气球会飞很高。但是你知道氢气中还蕴藏着巨大的能量吗?人们早就开始研

氢气球飞上蓝天

德国海军最新式的潜艇，用氢和氧的
燃料电池作为系统动力

究氢气了。在第二次世界大战期间，氢气就用来推动火箭。到了 1960 年，氢气第一次用作航天动力燃料。1969 年美国发射的阿波罗号登月飞船使用的运载火箭就是用液氢做燃料的。

与其他能源相比，氢能具有许多特有的优点：它无污染，燃烧后的产物只有水；氢气的导热性最好，在能源工业中氢是极好的传热载体；氢是自然界存在最普遍的元素，除空气中含有氢气外，它主要以化合物的形态贮存于水中，而水是地球上最广泛的物质；氢燃烧性能好，点燃快，与空气混合时有广泛的可燃范围，而且燃点高，燃烧速度快；氢能利用形式多，既可以通过燃烧产生热能，在热力发动机中产生机械功，又可以

氢燃料汽车

作为能源材料用于燃料电池，或转换成固态氢用作结构材料。用氢代替煤和石油，不需对现有的技术装备作重大的改造，现在的内燃机稍加改装即可使用。因此，氢能是未来人们主要应用的能源之一。

氢能应用日益广泛，其应用主要有如下几方面：

氢燃料汽车　我们平常见到的汽车都是用汽油作为燃料的，现在科学家研究出一种新型的汽车，它是用氢气做燃料的。氢气是一种很好的燃料，每千克氢燃烧产生的能量是汽油的 2.8 倍。氢气燃烧起来火焰传播速度快，点火也非常容易，所以氢燃料汽车的总燃烧效率比汽油车高 20%。另一方面，氢燃烧的产物主要是水和极少量的氮氧化物，不会产生一氧化碳、二氧化碳等含有碳化物和硫化物的温室气体。从能源节约和环境保护角度看，氢燃料汽车将是今后城市和城市间理想的交通工具。

氢气燃烧器 氢气是可以燃烧的，但是氢气的燃烧很危险，一不小心就会形成爆炸。所以燃烧氢气的器具是氢能利用的关键设备。氢气是一种理想的干净燃料，其优点在于燃烧后没有烟尘等污染物生成。

为什么氢气可以用作航天燃料？

现在氢已是火箭领域的常用燃料了。对现代航天飞机而言，减轻燃料自重，增加有效载荷变得更为重要。氢的能量密度很高，是普通汽油的 2.8 倍，这意味着燃料的自重可减轻 2/3，这对航天飞机无疑是极为有利的。今天的航天飞机以氢作为发动机的推进剂，以纯氧作为氧化剂，液氢就装在外部推进剂桶内，每次发射需用 1450 立方米，重约 100 吨。

阿波罗号登月飞船使用了液氢燃料

氢燃料电池 氢燃料电池是一种将储存在燃料和氧化剂中的化学能，直接转化为电能的装置。当源源不断地从外部向燃料电池供给氢燃料和氧化剂时，它可以连续发电。

现在氢能的主要用途有哪些？

小问题

你见过用氢气做燃料的汽车吗？

　　既然前面说到用氢做燃料的汽车，我们就来介绍一种这样的汽车吧。这种车并不是让氢气发生可以看见火焰的燃烧来推动的，而是神奇地让氢气和氧气默默地发生反应产生了能量，车子就悄无声息地向前行驶了。

　　德国戴姆勒—克莱斯勒汽车公司研制成功了一种完全用液态氢驱动的新型汽车。在

汽车工业将朝着清洁能源方向发展

车内座椅的下面放着电池，一边接收液态氢，一边通入空气。车上的动力产生系统使空气中的氧与氢原子相互作用而产生电流，再由电流驱动发动机。因为它不是我们平常所见的发动机靠反应来提供动力，因而行驶时完全没有声音，加速时也不会造成常见的颤动，而且燃烧后产生的全是纯水，不会造成任何污染。据估计，这种汽车时速在 100 千米以上，可连续行驶 450 千米。每辆价格约 3 万美元。

氢能的好处前面我们已经介绍过了，随着全球石油储量的日趋减少，世界上所有大的汽车制造公司都在加紧开发能使用其他替代燃料的汽车，并将逐步推出。例如美国通用汽车公司于 2010 年上市销售首款量产电动汽车——雪佛兰 VOLT 电动车。车载的 16 千瓦时锂离子电池所储备的电力可以行驶 60 千米。所有设想和试验过的替

汽车用氢能对环保大有好处

石油资源短缺加速人类寻找替代能源

氢能的储存

　　氢在一般条件下是以气态形式存在的，这就为储存和运输带来很大的困难。氢的储存有三种方法：分别为高压气态储存、低温液氢储存和金属氢化物储存。

客车也有望用上氢能

代能源中，最理想的是以氢替代汽油，因为氢是取之不尽、用之不竭的能源，而且它产生的能量为汽油或天然气的 3 倍。但是，在氢能的利用过程中所存在的最大问题是如何安全地储存氢，以便汽车携带和使用。

氢能汽车的工作原理是什么？

小问题

什么是煤层气？

　　前面我们讲过煤的形成过程。在煤的形成过程中，会同时产生三种副产品：甲烷、二氧化碳和水。其中甲烷深藏在煤层之中，人们把它叫作煤层气。

　　煤层气可不是随便就能产生的。煤层深度300～900米、覆盖层厚度超过300米、煤层厚度大于1.5米是煤层气产生的理想条件。

　　煤层气是在煤炭的形成过程中与煤炭等一起形成的，它藏在煤层之中。如果煤层气没有得到充分利用，则会带来巨大危害。你们知道瓦斯爆炸吗？在瓦斯爆炸中，煤层气就是罪魁祸首。每年全球有上千亿立方米的瓦斯进入大气中，对环境造成巨大污染。因此，在很早以前人们就想对煤层气加以利用，变废为宝，这便是人们利用煤层气的最初动机。

　　煤层气生产费用低、利润高、风险小、生产期长。它的勘探费用比石油要低，生产气井的成本也比较低。打一口井只需2～10天，其中浅层井的寿命为16～25年，千米井

寻找煤层气

在开采甲烷的过程中存在什么问题？

一是使甲烷从煤的表面解吸下来，二是让从煤层表面解吸下来的甲烷顺利穿过裂缝进入井孔。

的生产寿命为 23～25 年。

我们知道，甲烷在燃烧过程中，不仅会释放出大量的热量，而且其燃烧后的生成物为二氧化碳和水，对环境不会产生太大的污染。所以在没有天然气的地区，煤层气作为一种理想的接替能源备受青睐。根据科学家的预测，全世界煤层气资源有 168 万亿立方米。世界上对煤层气的小规模利用始于 20 世纪 50 年代，大规模开发利用则是从 80 年代开始。目前在世界上煤层气开采居领先地位的是美国，每天煤层气的产量已超过2800万立方米。我国煤炭储量约为 1 万亿吨，产量居世界首位。我国埋深 2000 米以浅的煤层气资源量达 31.46 万亿立方米，相当于450 亿吨标准煤，350 亿吨标油，与我国常规天然气资源相当。我国已成为世界上最具有煤层气开发潜力的国家之一。

煤层气的主要成分是什么？

小问题

能源之手 NENGYUAN ZHISHOU

煤层气开采

向宇宙索取 "零点能"?

　　浩瀚无垠的宇宙一直是人类向往的空间，在这里面有些什么秘密呢？随着科学技术的不断进步，宇宙的秘密正一步步地被揭示出来。"零点能"就是其中的一个奥秘。

　　什么是"零点能"呢？一位量子物理学家曾这样描述："在自然界，完全真空就是没有任何东西，但真空中实际上充满着忽隐忽现的粒子，它们的状态变化十分迅

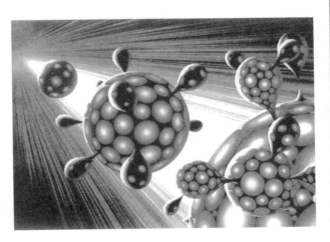

宇宙是从"无"中诞生的

速，以至于无法看到。即使是在绝对零度的情况下，真空也在向四面八方散发能量。"顾名思义，"零点能"就是物质在绝对温度为零度下在真空中产生的能量。

为什么在真空中会存在"零点能"呢？著名物理学家海森伯格提出了"测不准原理"，认为"不可能同时知道同一粒子的位置和动量"。科学家们认为，即使在粒子不再有任何热运动的时候，它们仍会继续抖动，能量的情形也是如此。这就意味着即使是在真空中，能量也会继续存在，而且由于能量

绝对零度

在我们的日常生活中使用的是摄氏度的概念。我们所说的"今天气温 0～15 度"中的"度"，就是指摄氏度。但是，在科学研究中，科学家们还常常使用"绝对温度"的概念。绝对温度是另一种温度的描述方法，"绝对零度"相当于零下 273 摄氏度。

利用太阳能的宇宙飞船

和质量是等效的，真空能量导致粒子一会儿存在、一会儿消失，能量也就在这种被科学家称为"起伏"的状态中诞生。因此，从理论上讲，任何体积的真空都可能包含着无数的"起伏"，因而也就含有无数的能量。

关于"零点能"的探索在几十年前就开始了。早在 1948 年，荷兰物理学家亨德里克·卡西米尔就曾设计出探测"零点能"的方法。1998 年，美国洛斯阿拉莫斯国家实验室和奥斯汀高能物理研究所的科学家们，用原子显微镜测出了"零点能"。科学家宣称，

少年科普热点

宇宙空间是广袤无垠而又高度真空的，真空"起伏"蕴含着巨大能量。

也许，在不远的将来，科学家将会给人类带来一个惊喜：宇宙空间将成为人类的"新油田"，会有无数的"钻井平台"飘浮在宇宙中，"钻取"真空中这种取之不尽的"零点能"，为人类未来生存和可持续发展提供新动力。

茫茫宇宙，能源无限

196

宇宙大膨胀

小问题

"零点能"是怎么产生的呢？

让海带和巨藻为我们提供能源？

　　海带不是食物吗？怎么可以用于能源呢？真是不可思议。但是，这是千真万确的，并且还可能成为能源新秀。

　　海带是生活在海里的植物，属于海藻的一种。长久以来，人们一直把它作为食物来对待，但经过科学家的研究发现，有些特殊的海带是可以作为能源使用的。例如在美国的加利福尼亚州，有一种巨型海带可以做替代能源，从这种巨型海带中，可提取大量合成天然气，还可提取氯化钾和化妆品中的乳化剂。

　　科学研究发现，这种巨型海带具有一种不可思议的成长速度。它每天最快可长60厘米，在不到5个月的时间内，它可以长到60米长！以这种尺寸来看，它似乎是科幻小说中的海怪了，确实让人感到惊讶！

　　但是，巨型海带的生长是需要一定条件的。经研究发现，巨型海带多年生长在15～20摄氏度之间，且需要海流不大的区域，以免海带随海流漂走。巨型海带的生长对海

海带养殖

水深度也有一定的要求。因为巨型海带需要高浓度养分以维持其快速生长，通常海水深度为 150～300 米才能提供足够的养分，但在此种深度种植会给采收带来很大的难题。

目前世界上有很多国家已经克服了这种困难，开始利用这种能源了。美国在加利福尼亚州外海开辟了一片面积 400 平方千米的海底农场，专门种植这种巨型海带，每到收获季节，以特殊的采收船采收之后，或利用海带本身具有的细菌自然发酵，或以人工方法加速发酵，它一年所产生的合

成天然气高达 6 亿立方米！我国目前也已经开始了这方面的工作。我国台湾已经派人到美国去采购种子，同时还请有关单位负责研究以后的培种工作。

巨藻也是海藻的一种。之所以称为巨藻，是因为它几乎可以说是植物界的巨人。成熟的巨藻一般有 70 ~ 80 米长，最长的可达到 500 米。巨藻早就为人们所注意了。人们用它来提炼藻胶，制造五光十色的塑料、纤维板，它还是制药工业的原料。

不过近年来，巨藻的研究又有了新进展。科学家们发现它含有丰富的甲烷成分，把

海藻培植农场

海底牧场的潜水饲养人

巨藻磨碎，经细菌分解后就能产生甲烷，这一发现是引人瞩目的。美国有关方面乐观地估计，这一新的绿色能源具有诱人的前景。将来，它甚至可以满足美国对甲烷

甲　　烷

　　甲烷是一种气体有机物，一个甲烷分子由一个碳原子和四个氢原子组成。甲烷可以燃烧放出热量，生成物为二氧化碳和水。另外，它还可以用做工业原料，是一种用途极为广泛的物质。

的需求。

　　巨藻可以在大陆架海域进行大规模养殖。由于巨藻的叶片较集中于海水表面，这就为机械化收割提供了有利条件。巨藻的生长速度是极为惊人的，每昼夜可长高30厘米，一年可以收割3次。如果可以成功加以利用的话，巨藻可能和煤、石油并肩媲美，将为人类提供源源不断的能源。

能源之手 NENGYUAN ZHISHOU

把光传到海底，以利海洋牧场中的海藻增殖

海带和巨藻在能源方面可以发挥什么作用？

小问题

雨、雪、微生物都能发电吗?

雨、雪、微生物发电? 这怎么可能?! 看到这个题目,你一定会这样想。但是,这是确实存在的。

大家知道,积雪的温度是 0 摄氏度以下,因此雪中蕴藏着巨大的"冷能"。据此科学家提出利用积雪发电的大胆设想。它的工作原理是这样的:将蒸发器放在地面上,将冷凝器放在高山上,再用两根管子将它们连接在一起,然后抽出管内空气,用地下热水使低沸点的氟利昂(即现代电冰箱所用的制冷物质)气化,并以雪冷却冷凝器。由于氟利昂的沸点很低,加上管内被抽空,所以它就沸腾起来,变成气体快速向管子的上端跑去,冲击汽轮机旋转,从而带动发电机发电。试验证明,1 吨雪可把 2～4 吨氟利昂送上蓄液器,可见雪的发电本领是十分惊人的。

科学家还对雨能开展了研究并在利用方面获得成功,它是利用一种叶片交错排列并能自动关闭的轮子,轮子的叶片可以接受来

雪山蕴含着巨大的能量

自任何方向的雨滴并能自动开关，使轮子一侧受力大，另一侧受力小，从而在雨滴冲击和惯性的作用下高速旋转，驱动电机发电。雨能电站可以弥补地面太阳能电站的不足，使人类巧妙而完美地应用太阳能、风能、雨能。我国南方地区雨能资源丰沛，特别是华东、华南、中南和西南各省的雨水充足，一年四季冰雪期很少，雨季的降雨量一般都比较多，阴雨天利用雨能发电，晴天利用太阳能发电，这样无论晴天或阴雨天，人们都可以享受到大自然的恩赐，享受到电能带来的光和热。

　　另外，在探索微生物能源的工作中，一些国家正在从事着微生物电池的研究。什么是微生物电池呢？它是一种用微生物的代谢产物做电极活性物质，从而获取电能。科学家用一种叫产气单孢菌的细菌，处理100克分子椰子汁，使其生成甲酸，然后把以此做电解液的3个电池串联在一起，生成的电能可使半导体收音机连续播放50多个小时。

雨雪是怎样形成的？

　　夏天下雨，冬天下雪。这是大家都已经习以为常的事情了。但是你知道雨雪是怎样形成的吗？原来，在我们生活的地球上有许多水，当太阳照射地面（或海面）时，这些水分有一部分就通过蒸发来到空中。如果在空中碰到冷空气，它们又会凝结成水滴或雪花，落到地面上来，从而形成了我们常见的雨雪。

雨水和雪水都可以用来发电

　　就在 2012 年，美国科学家开发出一种如家用洗衣机大小的微生物燃料电池，不仅能采用微生物净化污水，还能产生电力。未来，这种微生物燃料电池甚至有可能取代城市的污水处理系统。

小问题

下雨发电的原理是什么？它有哪些好处？

下水道里也能发电?

　　人类的航天科学研究带动了很多常规技术的发展，例如，在水处理技术上，科学家们为了解决宇航员的用水问题而发明了膜渗透技术。他们用一层非常精密的滤膜可以把宇航员们的生活废水过滤（包括尿液），还原成可以饮用的洁净的水。这样，航天器上只要带上足够循环使用的水就可以了。

　　在处理宇航员的排泄物的时候，科学家们又顺带想到可以利用排泄物来发电。他们用一种芽孢杆菌处理尿液，使尿酸分解而生成尿素，在尿素酶的作用下分解尿素产生氨。氨用做电极活性物质，在铂电极上发生电极反应，组成了翱翔太空的理想微生物电池。在宇航条件下，每人每天如果排出220克尿，就能够获得47瓦的电力。这真称得上是物尽其用啊。

　　同样的思路也可以用到地下，下水道里的污泥也能发电。这是因为，城市下水道污泥中富含有机物质，其中当然也蕴藏着可观的能量。现在，不少国家已开始利用厌氧细

太空站里，一切资源都要考虑节约和再利用

菌将下水道污泥"消化"，然后收集其中产生的沼气作为热源，并将下水道污泥制成固体燃料。

在把下水道污泥处理成固体燃料的开发与实用化研究方面，欧洲国家暂时居领先地位。日本则紧随其后，东京都能源局利用下水道污泥作为燃料发电的试验也已获得成功。日本能源科学家还将下水道污泥利用多级蒸发法制成固状物，所得燃料的发热量为每千克 16 000 ~ 18 000 千焦耳，与煤的发热量不相上下。

2005 年，日本东京电力公司和东京都政府、生物燃料公司签署合同，决定共同合作用下水道的污泥发电。东京都政府负责建设从下水道污泥提取碳水燃料的工厂；生物燃料公司负责工厂管理；制成的燃料送到福岛县东京电力公司管辖的煤火力发电厂燃烧发电，2007 年正式开始发电。这标志着日本已经把污泥发电列入了正式的能源应用日程。

东京都下水道局有关人士介绍说，东京都每年清理下水道时都会掏出 130 万吨污泥，其中 9900 吨污泥可制成 8700 吨燃料，以前这些污泥的处理多采用焚烧的办法，而以后就可以用于发电，既可节省能源，也减少了二氧化碳气体的排放。

德国的一家化学公司别出心裁，他们的研究人员将工厂下水道排放的废水（其中含 10% 的普通生活污水）进行处理，把所得的活性污泥作为燃料。他们在下水道污水中加入有机凝集剂，再用电力脱水机脱去部分水分，加入一定比例的粉煤，最后利用压滤机

污泥不仅能发电，而且发电后剩下的污泥还成为农业生产喜爱的肥料，达到对废物多次利用。经过脱水的污泥性质稳定、异味轻，也非常方便搬运。

一般的油井都设有污泥处理设备，如果用来发电，
将会产生很好的效益

榨干水分，用这种方法制成的燃料发热量为
每千克 9200 ~ 10 000 千焦。这种燃料在干
燥、粉碎后燃烧性能并不会降低。

从下水道污泥中挖掘潜在能源，是一件
一举两得的好事情。这不仅可以开辟能源新
途径，还可以根本上解决城市下水道污泥污
染问题。对改善城市地下水水质有着至关重
要的作用。环境科学家们正在重估下水道污
泥的作用和利用价值，进一步研究下水道污
水处理以及下水道水系的设计。实际上，考
虑到污泥发电的环保效应，即便它比常规的
发电方式稍稍贵一些也是合算的。要知道，

城市每年用于污泥的处理也要耗费大量的资金。

　　用污泥发电可以算是垃圾发电思路的延伸，这种思路把能源与环保紧紧地联系在一起，受到世界各国的高度重视。目前，世界上许多国家正在研究，能否建立一个从污水处理到能源、环保方面的综合管理体系，以便一劳永逸地解决下水道污水的去向问题。

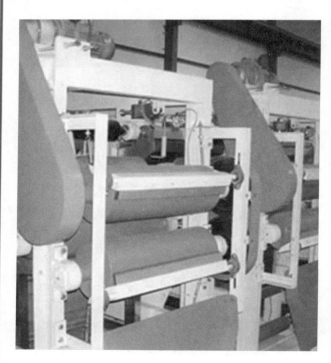

污泥脱水机

小问题

　　为什么发达国家特别重视污泥发电技术？

你知道磁流体发电吗？

　　自从 20 世纪中期以来，人们一直在尝试各种各样的发电方式，核电、水力发电、风力发电在很多国家获得了巨大的成功。然而，整个世界电力主要来源仍旧是火力发电。这种发电方式的原材料很容易取得，但是它的热效率很低，最高只有 40%，浪费了大量的化石燃料，同时产生污染环境的废气、废渣。这已经成为现代人类社会可持续发展的一大障碍。那么，有什么办法可以提高燃料的热效率呢。科学家们对磁流体发电寄予了很高的期望，这种方式可以将燃料热能直接变成电能。

　　20 世纪 50 年代末期，科学家发现，如果有高温、高速流动的气体通过一个很强的磁场时，就能产生电流。这就是引人注目的"磁流体发电"。这些气体有部分在高温下发生电离，变成了能够导电的高温等离子气体。根据法拉第的电磁感应定律，当高温等离子气体以高速流过一个强磁场时，就切割了磁力线，于是感应电流产生了。

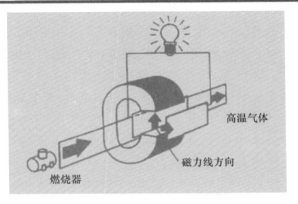

磁流体发电示意图

高温气体

磁力线方向

燃烧器

什么是"电离"？就是气体原子外层的电子不再受核力的约束，成为可以自由移动的自由电子。普通气体在 7 000 摄氏度左右的高温下才能被电离成磁流体发电所需要的等离子体。但是实验证明，如果在气体中添加少量容易电离的低电位碱金属(如碳化钾)蒸汽，那么就能大大降低气体发生电离的温度，大约在 3000 摄氏度时气体的电离程度就可达到磁流体发电的要求。接着，科学家采用抽气的方法，使电离的气体高速通过强磁场，即可产生直流电。而加热气体所用的热源则很普通，可以是煤炭、石油或天然气燃烧所产生的热能，也可以是核反应堆提供的热能。

和过去的火力发电相比，磁流体发电技术的优势巨大。

磁流体发电的综合效率高。磁流体的热

效率可以从火力发电的 30%～40% 提高到 50%～60%，将来提高到 70% 也是可以期望的，这就意味着，发同样的电，可以少消耗很多燃料，节约了大量的不可再生资源。

磁流体发电的启动快。它在几秒钟的时间内就能达到满功率运行，这是其他任何发电装置无法相比的，因此，磁流体发电不仅可作为大功率民用电源，军事上的应用前景也很广阔。军事上采用这种发电方式，能够大大提高部队和武器的应急能力。

磁流体发电的环境污染少。它和火力发电一样使用煤炭、石油等燃料，但它使用的是细煤粉，而且高温气体还掺杂着少量的钾、钠和铯的化合物等，容易和硫化物发生化学反应，生成硫化物，在发电后回收这些金属的同时也将硫回收了。可以避免硫化物

20 世纪 90 年代，北京和上海相继建成了燃煤磁流体试验电站，标志着我国的磁流体发电技术已经接近世界先进水平。我国计划在本世纪初实现磁流体发电的应用化。

进入环境。而过去的火力发电则做不到这一点。

磁流体发电的热效率高，因而排放的废热也少，产生的污染物就少。另外，因为没有高速旋转的部件，使得这种发电方式非常安静，噪声污染也大大降低了。

我们平常看到的火焰就是
一种等离子体

磁流体发电有很多优点，但是，由于气体温度很高，发电装置的核心陶瓷材料就必须能够耐 3000 多摄氏度的高温，这无疑是一个苛刻的要求。在这方面，低温技术的发明打开了局面。

近几年，一位以色列科学家发明了液态金属磁流体发电机。以一种避重就轻的方法绕开了难以克服的"高温困难"。它放弃带来许多工程困难的高温等离子体，而以低熔点液态金属（如钠和钾、锡、水银等）为导电液体。由于液态金属黏滞性较大，所以在液态金属中掺进易挥发的流体（如甲苯、乙烷、水蒸气等），这些液体一旦加入液态金属中，立刻沸腾成气泡，膨胀的气泡向多级活塞泵

一样推动液态金属快速流过发电管道，从而产生了感应电流。

液态金属流体发电技术保持了等离子体磁流体发电机的优点，却又可以使用低热源发电。低熔点金属、易挥发液体种类较多，选择余地比较大，成本也容易控制了。科学家们计划在工业生产中利用工厂废热发电，可以说是一种高效率的废物利用方式。

磁流体发电的优势使得它备受世界各国的青睐，各国纷纷投入大量财力研究。目前，世界上有 17 个国家在研究磁流体发电，

大功率激光武器的能源供应一般都使用磁流体发电机

而其中有 13 个国家研究的是燃煤磁流体发电，这 13 个国家包括中国、印度、美国、波兰、法国、澳大利亚、俄罗斯等。

美国是世界上研究磁流体发电最早的国家，1959 年，美国就研制成功了 11.5 千瓦磁流体发电的试验装置。美国人对于磁流体发电在军事上的用途特别感兴趣，早在 20 世纪 60 年代就建成了作为激光武器脉冲电源和风洞试验电源用的磁流体发电装置。日本和前苏联都把磁流体发电列入国家重点能源攻关项目，成果也相当丰富。前苏联时期，磁流体发电已经用于地震预报和地质勘探等方面。

磁流体发电从开始研究到现在已有几十年的历史，短时间磁流体发电技术已经趋于成熟，而燃烧天然气的长时间磁流体发电站和燃煤磁流体发电站都已投入运行。目前，磁流体发电的大规模研究已经告一段落，但各国的研究人员还在针对磁流体发电系统中存在的问题和困难进行着努力。因此，磁流体发电技术还存在着一定的发展空间。

想一想，为什么激光武器青睐磁流体发电技术？

小问题

图书在版编目（CIP）数据

能源之手 / 中国科学技术协会青少年科技中心组织编写 . -- 北京：科学普及出版社，2013.6（2019.10 重印）

（少年科普热点）

ISBN 978-7-110-07919-5

I. ①能… Ⅱ. ①中… Ⅲ. ①能源 - 少年读物 Ⅳ. ① TK01-49

中国版本图书馆 CIP 数据核字（2012）第 268449 号

科学普及出版社出版

北京市海淀区中关村南大街 16 号　邮编：100081

电话：010-62173865　传真：010-62173081

http://www.cspbooks.com.cn

中国科学技术出版社有限公司发行部发行

莱芜市凤城印务有限公司印刷

※

开本：630 毫米 ×870 毫米　1/16　印张：14　字数：220 千字

2013 年 6 月第 1 版　2019 年 10 月第 2 次印刷

ISBN 978-7-110-07919-5/G · 3337

印数：10001—30000　定价：15.00 元